北京市种植业面源污染
综合防控技术与管理指南

◎文方芳　李云龙　张卫东　主编

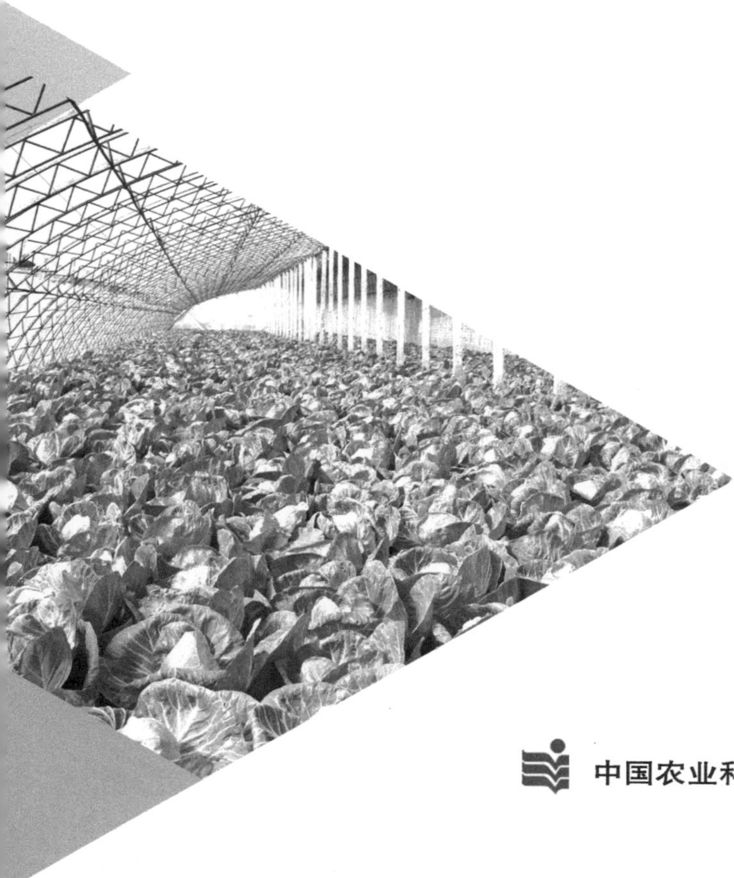

中国农业科学技术出版社

图书在版编目（CIP）数据

北京市种植业面源污染综合防控技术与管理指南 / 文方芳，李云龙，张卫东主编 . --北京：中国农业科学技术出版社，2022. 2

ISBN 978-7-5116-5698-8

Ⅰ. ①北… Ⅱ. ①文…②李…③张… Ⅲ. ①种植业-农业污染源-面源污染-污染防治-北京-指南 Ⅳ. ①X501-62

中国版本图书馆 CIP 数据核字（2022）第 014941 号

责任编辑 史咏竹
责任校对 贾海霞
责任印制 姜义伟 王思文

出 版 者 中国农业科学技术出版社
北京市中关村南大街 12 号 邮编：100081
电 话 (010)82105169(编辑室) (010)82109702(发行部)
(010)82109709(读者服务部)
传 真 (010)82105169
网 址 http://www. castp. cn
经 销 者 各地新华书店
印 刷 者 北京建宏印刷有限公司
开 本 148 mm×210 mm 1/32
印 张 4. 625
字 数 124 千字
版 次 2022 年 2 月第 1 版 2022 年 2 月第 1 次印刷
定 价 29. 00 元

《北京市种植业面源污染综合防控技术与管理指南》

编 委 会

主　　编　文方芳　李云龙　张卫东

副 主 编　赵青春　廖　洪　张雪莲　王　胤

曹金娟

编写人员（按姓氏笔画排序）

于跃跃　王俊侠　刘自飞　刘继远

刘晨光　孙　海　李　斌　李　锦

李昌伟　李洪波　何威明　张　超

张小利　张梦佳　林　雪　郑子南

赵　菁　哈雪姣　钟连全　祝玉梅

唐　朝　黄志坚　韩　宝　谢爱婷

颜　芳　闫　实

前　言

我国从中央到地方都高度重视生态文明建设与农业面源污染防控工作，先后出台了《水污染防治行动计划》《土壤污染防治行动计划》《北京市水污染防治条例》等一系列重要文件，均对种植业面源污染防控提出了具体要求。北京作为首善之区，更应发挥在种植业面源污染防控领域的示范引领作用。

本指南主要结合“国家水体污染控制与治理科技重大专项”（No. 2017ZX07102）等相关项目科研成果制定，详细介绍了北京地区种植业面源污染的防控策略、技术措施和管理措施，旨在为政府管理部门、农业技术推广部门、生产园区和种植户提供参考，从农业政策制定、农业生产管理、农业技术服务、农业技术应用等各层面发挥合力，科学开展种植业面源污染防控工作，减少不合理的化学肥料和化学农药使用，提高资源利用率，减少农田环境污染，保护农业生态环境，为维护北京生态系统健康提供保障。

读者在使用本指南时，可结合实际管理或种植情况进行参考，对本指南提出的种植业面源污染综合防控措施进行技术上的优化组合和空间上的优化配置，从而最大限度地提高技术指南的适用性，提高种植业面源污染防控效果。

本指南参照 GB/T 1.1—2009《标准化工作导则　第 1 部分：标准的结构和编写》起草。

本指南起草单位：北京市耕地建设保护中心、北京市植物保护站。

本指南协作单位：北京市昌平区耕地保护站、北京市昌平区植保植检站、北京市海淀区农业科学研究所。

本指南的完成得到了北京市农业农村局、北京市水科学技术研究院、全国农业技术推广服务中心、中国农业大学、中国农业科学院、北京市农林科学院和北京市各级农业技术推广部门的大力支持和帮助，参考了有关专家、学者的著作和文献资料，引用了一些新的科研成果，在此一并表示感谢。由于笔者水平有限，难免书中存在疏漏和不足之处，敬请专家和广大读者批评指正。

编　者

2022年1月

目　　录

1

总　则

1.1　适用范围

本指南适用于北京地区主栽粮食作物（冬小麦、夏玉米）、茄果类蔬菜（番茄、茄子、黄瓜、椒类）、叶类蔬菜（芹菜、小油菜、结球生菜、菠菜）以及草莓种植过程中的化肥和化学农药面源污染防控。

1.2　规范性引用文件

下列文件对于本指南的应用是必不可少的。凡是注日期的引用文件，仅注日期的版本适用于本文件。凡是不注日期的引用文件，其最新版本（包括所有的修改单）适用于本指南。

GB 4285　农药安全使用标准

GB 15618　土壤环境质量标准

GB 23348　缓释肥料

GB/T 6274　肥料和土壤调理剂术语

GB/T 8321　农药合理使用准则

GB/T 20014　良好农业规范

GB/T 33469　耕地质量等级

HJ 555　化肥施用环境安全技术导则

NY 525　有机肥料

NY/T 496　肥料合理使用准则通则

NY/T 1276　农药安全使用规范总则

DB11T 749—2010　农田氮磷环境风险评价

1.3　术语与定义

下列术语与定义适用于本指南。

1.3.1　种植业面源污染

在粮食、蔬菜等农作物种植过程中，因不合理施用肥料、农药或不合理的管理措施导致部分氮素、磷素等营养物和农药成分通过农田排水、地表径流或地下淋溶等方式进入水、土壤或大气环境造成的污染。

1.3.2　氮素年盈余量

单位农田地块周年轮作体系中，不同来源（如化肥、有机肥、沉降、灌溉水等）的氮素养分投入总量与作物吸收氮素总量之差值。

1.3.3　磷素环境临界值

当土壤磷累积量达到一定程度，造成土壤颗粒对磷酸盐的吸附能力达到饱和，导致土壤中磷酸根含量突然增加，在突然增加时所对应的土壤有效磷含量水平，即北方石灰性土壤通常采用 Olsen-P 表示的值，这一值称为磷环境临界值。

1.3.4　“4R”养分管理

“4R”养分管理是选择正确的肥料品种（Right source）、采用正确的肥料用量（Right rate）、在正确的施肥时间（Right time）施用在正确的位置（Right place），4 个“正确”的英文“Right”第一个字母均为“R”，简称为“4R”。“4R”养分管理旨在保障持续的作物生产能力，兼顾养分管理和施肥的经济效益、环境效益和社会效益，是普遍采用的肥料最佳养分管理方法。

1.3.5 水肥一体化

借助农田自动灌溉系统，依据土壤养分含量和作物需肥规律，将作物所需养分和水分，利用灌溉系统定时、定量、精准供应的管理方式。

1.3.6 缓释肥料

通过养分的化学复合或物理作用，使其对作物的有效态养分随着时间而缓慢释放的化学肥料。

1.3.7 病虫害绿色防控

病虫害绿色防控是指从农田生态系统整体出发，以农业防治为基础，积极保护利用自然天敌，恶化病虫的生存条件，提高农作物抗病虫能力，在必要时合理地使用化学农药，将病虫为害损失降到最低限度。它是持续控制病虫灾害，保障农业生产安全的重要手段。

1.3.8 土肥植保社会化服务

由具备相应服务能力的农业生产专业化服务组织，为生产主体提供的涵盖施肥和病虫害防控两方面内容的收费服务。

2

防控策略

2.1 分级防控

根据土壤养分含量水平确定防控措施。按照土壤养分含量由高到低，分别采用以控为主、防控结合和以防为主的防控措施（表1），将土壤养分调控至合适水平，降低农田氮磷污染风险。

表1 基于土壤养分含量水平的面源污染防控措施

土壤养分含量水平	防控策略	土壤养分调控目标	防控措施
耕地土壤养分中、高水平，土壤氮磷富集明显	以控为主。 减少并严格控制有机肥和化肥投入，优化耕作制度	粮田氮肥投入应确保氮素年盈余量不高于4千克/亩（1亩≈667米^2，全书同），菜地不高于13.3千克/亩；建议粮田表层土壤有效磷含量控制在30毫克/千克以下，菜田在60毫克/千克以下	有机肥替代部分化肥，测土配方施肥、水肥一体化、夏季填闲、耕作制度优化、流失阻控等措施
耕地土壤养分总体上处于中等水平	防控结合。 维持合理的有机肥和化肥施用量		有机肥替代部分化肥、测土配方施肥、水肥一体化等措施
耕地土壤养分总体上处于低水平，土壤有机质水平偏低	以防为主。 增加有机肥投入，合理调控化肥投入		增施有机肥培肥地力、鼓励空闲地种植绿肥、测土配方施肥、水肥一体化等措施

2.2 分类防控

根据种植结构、土地利用类型、养分特征和产生污染的主要途径，采取不同的防控技术措施。粮田以径流控制为主，设施则以淋溶控制为主。

2.3 分时段防控

根据不同时期种植业面源污染产生的途径，采取不同的防控技术措施。例如，加强降雨期和施肥灌溉期污染控制。大雨预报 48 小时以内禁止施肥，避免降雨期施肥造成养分流失；减少传统肥料施用，选用缓控释肥。禁止在积水、水淹、被雪覆盖、冰冻超过 12 小时的地块施肥。设施中尽量采取水肥一体化技术，并准确控制灌溉用量，漫灌模式单次灌溉量控制在 20～25 米^3/亩以内，沟灌模式单次灌溉量控制在 10～15 米^3/亩以内，滴灌模式单次灌溉量控制在 5～6 米^3/亩为宜。

2.4 分空间防控

根据不同区域种植业面源污染产生的途径，采取不同的防控技术措施。山地和丘陵为主的生态涵养区，按照北京市百万亩造林绿化行动计划，对生态涵养区的浅山区台地、坡耕地进行退耕还林，构建绿化缓冲林带，减少和防止种植业面源污染发生。平原区加强用肥用药科学管理和技术指导。

2.5 综合防控

从种植业面源污染防控实际需要出发，进行污染识别诊断，并采取以综合防控技术措施为基础，宏观管理措施为辅，两者有机结合的综合防控策略。综合防控技术措施以化学肥料和化学农药源头减量为核心，配合应用耕作制度优化、养分高效利用、栽培措施调整和废弃物处理等技术；宏观管理措施主要采取制定生态补偿长效政策机制、创新技术推广模式、强化肥药质量源头监管与规范化存用、肥药包装废弃物回收、技术培训与宣传等措施，进而提高生产主体面源污染防控意识，引导其积极主动采取防控技术措施。种植业面源污染推荐防控措施详见表 2。

表 2　北京市种植业面源污染推荐防控措施

分类		措施	作用
污染评价与监测		田间生产调查	了解农田自然条件，明确施肥用药习惯和存在的问题
		污染风险评价	根据农田养分水平与农药使用情况，分析评价面源污染风险
		污染监测	明确农田污染物迁移的时段和通量
综合防控技术	耕作制度优化	设施夏季填闲	用填闲作物吸收利用土壤中盈余养分，降低氮磷流失风险
		草莓套种	调整种植空间结构，发挥多种作物的生态位优势，充分吸收再利用土壤中盈余养分，降低氮磷淋溶风险
	科学施肥	“4R”施肥原则	采用正确的施肥种类、时间、位置和用量，提高施肥科学性和精准性
		测土配方施肥	以测土结果和作物需肥为基础合理施肥
		有机肥替代部分化肥	科学选施有机肥，替代部分化肥投入，降低化肥养分易流失的风险；实现农田废弃物资源化循环利用、种养结合、维持田园清洁
		水肥一体化	采取水肥耦合，精准灌溉施肥，提高养分利用率

（续表）

分类		措施	作用
综合防控技术	科学施肥	夏玉米缓释肥一次性底施	减少耕地土壤扰动，省人工，深施减少养分损失，有效避开强降雨期施肥，降低氮磷流失风险
		高磷设施土壤盈余磷的综合调控	减少磷素投入，提高土壤磷的利用率，有效管控磷素损失风险，减轻污染风险
	病虫害绿色防控	产前预防	切断环境中的病虫害来源，减少后期病虫害发生
		无病虫育苗	增强作物抗病抗逆能力，培育健康种苗，防止将病虫害带入生产田
		产中防控	减少生产过程中病虫害发生和传播
	过程阻控	农田缓冲带技术	拦截或减缓氮磷营养物及农药成分进入水体
	废弃物循环	产后植株残体处理	各园区可利用已有的沼气发酵站等设备进行处理，或是采用太阳能高温闷棚、生物秸秆反应堆、蚯蚓处理、纳米膜智能发酵等技术进行处理。杀灭残体中的致病菌、害虫和虫卵，避免传播、为害周边及下茬作物，实现废弃物无害化资源化利用
宏观管理措施		政策引导生态环保产品	通过政策引导，大范围地推广应用农业绿色生产产品与技术，更广泛地减少农田面源污染
		创新土肥植保社会化服务	由第三方社会化专业服务组织承担种植过程施肥施药作业，有利于精准施肥施药，提高肥药效率
		投入品全链条监督管理	从生产源头防止不合格肥料和农药进入农田；保障化肥和农药的合理使用；降低种植业面源污染风险，保护土壤环境和农产品质量安全；防止包装袋中残留肥料和农药带来面源污染
		多措并举提高环保意识	增强生产者防控意识，指导农户开展面源污染防控，规范生产过程中的施肥、施药操作行为

3

污染评价与监测

3.1 田间生产调查

种植区的地形地貌、气象因素（历年同期降水、降水量等）、土壤状况（土壤类型及利用方式）、种植结构、栽培措施、施肥情况、病虫害防控情况等调查。

3.2 污染风险评价

设置长期定位监测点，定期监测土壤有效磷（Olsen-P）含量变化。通过氮投入量和作物带走量测算土壤氮盈余量。依据 DB11/T 749—2010《农田氮磷环境风险评价》标准，评价农田氮磷的环境风险等级。

3.3 污染监测

根据《农田地下淋溶面源污染监测设施建设技术规范》《平原旱地农田地表径流面源污染监测设施建设技术规范》开展农田面源污染监测工作。通过监测掌握农田污染物迁移的时段和通量。

4

污染防控技术措施

4.1 耕作制度优化

4.1.1 设施夏季填闲

针对多年连茬种植、土壤养分高、出现次生盐渍化障碍的设施，利用6—8月的传统休闲期，种植一茬填闲作物，如玉米、樱桃小萝卜、小白菜、茼蒿、番薯等。通过种植填闲作物实现土壤盈余氮磷再利用，降低氮磷淋溶风险，轮作倒茬改善土壤根际环境，为下茬作物创造低盐安全的生长环境，实现土壤的可持续使用。具体操作详见附录A-1。

4.1.2 草莓套种

针对草莓用肥量大、肥料利用率偏低的问题，可以采取草莓与其他作物套种的种植方式。套种作物可选用洋葱、芹菜、鲜食玉米、西瓜等，调整种植空间结构，发挥多种作物深浅根系的生态位优势，充分吸收再利用土壤中盈余养分，降低氮磷淋溶风险。不同套种作物的操作要点详见附录A-2。

4.2 科学施肥

4.2.1 "4R"施肥原则

按照"4R"原则，使用正确的肥料品种（Right source），采用正确的肥料用量（Right rate），在正确的施肥时间（Right time），将肥料施用在正确的施肥位置（Right place）。

4.2.1.1 肥料品种。根据土壤性状、肥料特性、作物营养特性、肥料资源等综合因素确定肥料种类，可选用单质或复合肥料自行配制配方肥料，也可直接购买配方肥料。主要作物推荐的配方肥料见表3，常见氮肥及其施用注意事项见表4，常见磷肥及其施用注意事项见表5，常见钾肥及其施用注意事项见表6，常见畜禽粪便中的氮磷养分含量见表7。

表3 主要作物推荐的配方肥料

作物	基肥	追肥
	配方（$N-P_2O_5-K_2O$）	配方（$N-P_2O_5-K_2O$）
夏玉米	26-9-10（氮素缓释） 25-10-10（氮素缓释） 26-10-12（氮素缓释）	免追
冬小麦	15-20-12 15-18-12 16-20-10	尿素
设施番茄、黄瓜、茄子、椒类	18-9-18	15-8-25 20-8-24
设施生菜、芹菜、菠菜、油菜	20-15-10	20-0-15 22-8-22
露地果类蔬菜	12-15-18	15-8-25
露地叶类蔬菜	18-15-12	20-0-15
草莓	18-9-18	30-10-10 19-8-27 16-8-34

注：以上为推荐配方，具体使用时可选择相似配方。

表 4 常见氮肥及其施用注意事项

名称与类型	含氮量（%）	施用注意事项
尿素（酰胺态氮肥）	44～46	①生理中性肥料，宜作基肥和追肥；不宜作种肥，含有少量的缩二脲，对种子发芽生长有害；②作基肥和追肥，尿素施入土壤只有转化成为碳酸氢氨，才能被作物大量吸收利用，一般要提前4～6天施用；同时，深施覆土，施肥后不要立即灌水；③作根外追肥，禾本科控制在1.5%～2.0%，露地蔬菜控制在0.5%～1.5%，温室蔬菜控制在0.2%～0.3%
碳酸氢铵（铵态氮肥）	16.8～17.5	①生理中性肥料，易溶于水，速效养分，可被植物直接吸收利用；②作基肥和追肥时，深施6～10厘米立即覆土，以减少氮素损失，不宜做种肥；③不与碱性肥料混合施用，忌表施，忌高温天气施用，以防氨挥发
硫酸铵（铵态氮肥）	20～21	①生理酸性肥料，易溶于水，易被作物吸收；②作基肥时，深施覆土，以利于作物吸收；③最适宜做追肥，砂壤地少量多次追施；黏土地每次用量可适当多些；④不与碱性肥料或其他碱性物质混合施用，不宜在北方石灰性土壤上长期施用，或造成土壤板结
硝酸铵（硝态氮肥）	34～35	①生理中性肥料，易溶于水，速效养分；②宜做追肥，尤其是旱田追肥，水田效果差，硝酸根离子易随水分淋失；不宜做种肥和追肥
硝酸钾（硝态氮肥）	13	①生理中性肥料，易溶于水，肥效迅速；②宜作追肥，但硝酸根离子流动性大，降水量大或水田易遭流失；不宜做种肥和追肥

表 5 常见磷肥及其施用注意事项

名称与类型	含磷（P_2O_5）量（%）	施用及注意事项
过磷酸钙（水溶性磷肥）	12~18	①呈酸性，吸湿性强，吸湿后转化成难溶性磷，有效性降低；②适用于中性、石灰性缺磷土壤，可作基肥、追肥、种肥；③不与碱性肥料混合施用，以防降低肥效
钙镁磷肥（弱酸溶性磷肥）	12~20	①呈碱性，不溶于水，磷只能被弱酸溶解，要经过一定的转化过程，才能被作物利用，所以肥效缓慢；②最适合做基肥，结合深耕，与土层彻底混合；③不与酸性肥料混合施用，以防降低肥效

表 6 常见钾肥及其施用注意事项

名称	含钾（K_2O）量（%）	施用及注意事项
硫酸钾	50~52	①生理酸性肥料，可作基肥、追肥、种肥及根外追肥；②作基肥时，宜深施覆土；③作追肥时，应集中条施或穴施到根系密集的土层，促进吸收；砂性土常缺钾，少量多次避免淋失
碳酸钾	79.7	①水溶液呈碱性，易溶于水，吸湿性强；②是草木灰中钾素的主要存在形态；③不与其他肥料，特别是铵态氮肥掺混施用
氯化钾	50~60	①生理酸性肥料，可作基肥和追肥，需要提前 10~15 天施入土壤，砂壤土遵循少量多次原则，配合施用有机肥；②不宜作种肥，氯离子影响种子的发芽和幼苗生长；③盐碱地不宜施用氯化钾，会加重盐害

表 7 常见畜禽粪便中的氮磷养分含量

畜禽粪便类别	全氮（%）	全磷（%）	全钾（%）
猪粪	2.087	0.896	1.118

（续表）

畜禽粪便类别	全氮（%）	全磷（%）	全钾（%）
牛粪	1.669	0.429	0.948
羊粪	2.012	0.496	1.321
马粪	1.476	0.466	1.307
驴粪	0.969	0.39	1.054
鸡粪	2.338	0.929	1.606
鸭粪	1.661	0.885	1.373
高温堆肥	0.663	0.235	1.214

4.2.1.2 肥料用量。对氮素养分的投入应采取“总量控制、分期调控”策略。将一定区域范围内作物全生育期氮肥施用总量控制在一个合理的范围内；根据作物氮素吸收规律，对不同生育期的氮肥用量进行分配，同时根据气候条件、作物长势以及土壤、植株测试结果，对氮肥基肥、追肥用量进行调整。

对磷素养分的投入采取“恒量监控”策略。①当土壤有效磷处于极高或较高水平时，采取控制策略，不施磷肥或施肥量等于作物带走量的50%~70%；②在土壤有效磷处于适宜水平时，采取维持策略，施肥量等于作物带走量；③在土壤有效磷处于较低或极低水平时，采取提高策略，施肥量等于作物带走量的130%~200%。3~5年监测一次土壤有效磷水平，对土壤中磷的时空范围进行监控。

4.2.1.3 施用时间。应根据肥料性质、作物不同生育期对养分的需求以及施肥风险进行适时施肥。有机肥一般在作物定植前15~30天施用，避免未腐熟烧苗；缓效肥料可提前施；速效肥料应在作物需肥关键期施；水溶肥料可少量多次分期施用。植物生长旺盛和吸收养分的关键时期应重点施肥。

4.2.1.4 施肥位置。根据肥料剂型和作物种类选择适宜的施肥位置和方法。常用的施肥方式有撒施、机械深施、随水冲施或叶面喷施等。底肥宜撒施或机械深施，穴施时需距定植穴至少5厘米；水溶肥宜采用滴灌、喷灌等节水灌溉施肥。氮肥应适当深施覆土，施肥后灌水量不能过大，否则造成氮素淋洗损失。水溶性磷肥应集中施用，难溶性磷肥应分层施用或与有机肥料堆沤后施用；有机肥料要经腐熟后施用，并深翻入土。

4.2.2 测土配方施肥

结合作物需肥规律、土壤供肥特性与肥料效应，统筹考虑氮磷钾3种大量元素及中微量元素的供应，从而使土壤养分的供应能够全面满足作物生产的需要，提高肥料利用率，减少肥料损失。不同作物推荐的肥料配方详见4.2.1.1中的表3。

4.2.3 有机肥替代部分化肥

有机肥除含有大量有机质以外，养分全面，施入土壤后，逐渐矿化释放出速效氮、磷、钾及中微量元素，供当季作物吸收利用，从而减少部分化肥施用。经过多年的田间原位埋袋方法计算，推荐北京地区每1吨有机肥提供的养分可按照氮（N）3千克，磷（P_2O_5）1.5千克，钾（K_2O）2.4千克计算。

4.2.4 水肥一体化

借助灌溉系统，将水溶性固体或液体肥料，按土壤养分含量和作物的需肥规律和特点，配兑成的肥液与灌溉水一起，通过可控管道系统定时、定量供水、供肥，减少肥料挥发和流失以及养分过剩造成的损失，有效提高水肥利用效率，可以显著减少设施菜田水分渗漏引起的氮磷淋失负荷。养分容易流失的地块（如砂壤土），宜先浇水后施肥再少量浇水。

4.2.5 夏玉米缓释肥一次性底施

上茬小麦收获后，不再犁地，利用种肥同播机在留茬或秸秆全覆盖的地里开沟播种，并将玉米全生育期所需肥料，在播种时一次性施入土壤，玉米生长中后期不再追肥，避免了施肥与降雨多发期的耦合，可减少 53.1%的总氮流失和 51.3%的总磷流失。该技术详细的操作规程见附录 B-1。

4.2.6 高磷设施土壤磷综合调控

高磷设施菜田可通过减磷、钝化控流失及活化高效利用盈余磷等措施综合调控磷风险（表 8）。

表 8 不同有效磷（Olsen-P）含量设施土壤磷综合调控方法

土壤有效磷含量	磷投入总量	底肥	水溶肥	钝化剂	活化剂
80~200 毫克/千克	作物需磷量的 0.5 倍	推荐含碳较丰富、低养分含量的有机肥品种，可沟施，如秸秆类、牛羊类粪肥等，推荐用量 500~1 000千克/亩，少施化学磷肥	追施低磷配方水溶肥，如 $N-P_2O_5-K_2O$ 配比为 10-5-28、16-8-21、18-6-21、18-8-26 等	每亩沟施 100 千克硫酸亚铁改性沸石	不需要施用
＞200 毫克/千克	无需施用	推荐用量 500 千克/亩或不施有机肥，推荐含碳丰富、低养分含量的有机肥品种，少施或不施化学磷肥	追施无磷配方水溶肥，如 $N-P_2O_5-K_2O$ 配比为 10-0-30、20-0-30、18-0-21 等	每亩沟施 250 千克硫酸亚铁改性沸石，或者底肥配施硅钙钾镁肥 150 ~ 200 千克/亩	配合追施聚天门冬氨酸、柠檬酸等物质的酸性水溶肥料，活化和高效利用土壤根区磷

注：不同配比的低磷、无磷配方水溶肥可根据作物的养分需求量稍做调整。

4.3 病虫害绿色防控

农作物病虫害绿色防控，是指从农田生态系统整体出发，以农业防治为基础，积极保护利用自然天敌，恶化病虫的生存条件，提高农作物抗病虫能力，在必要时合理地使用化学农药，将病虫为害损失降到最低限度。蔬菜病虫害全程绿色防控技术要点详见附录A-3。在防控过程中禁止使用高毒、禁限用农药，优先使用物理防控、生物防控等非化学防控技术。禁限用农药种类见表9和表10。

表9 我国农业生产全面禁止使用的农药

序号	通用名	英文名	发布文号
1	六六六	Hexachlorocyclohexane，HCH	农业部公告第199号
2	滴滴涕	Dichloro-diphenyltri-chloroethane，DDT	
3	毒杀芬	Camphechlor	
4	二溴氯丙烷	Dibromochloropane	
5	杀虫脒	Chlordimeform	
6	二溴乙烷	EDB	
7	除草醚	Nitrofen	
8	艾氏剂	Aldrin	
9	狄氏剂	Dieldrin	
10	汞制剂	Mercury compounds	
11	砷类	Arsena	
12	铅类	Acetate	
13	敌枯双	bis-ADTA	
14	氟乙酰胺	Fluoroacetamide	
15	甘氟	Gliftor	
16	毒鼠强	Tetramine	
17	氟乙酸钠	Sodium fluoroacetate	
18	毒鼠硅	Silatrane	

（续表）

序号	通用名	英文名	发布文号
19	氯丹	Chlordane	生态环境部等十部委联合发布公告 2009 年第 23 号
20	灭蚁灵	Mirex	
21	六氯苯	Hexachlorobenzene	
22	甲胺磷	Methamidophos	国家发展和改革委员会、农业部等六部委公告 2008 年第 1 号
23	对硫磷	Parathion	
24	甲基对硫磷	Parathion-methyl	
25	久效磷	Monocrotophos	
26	磷胺	Phosphamidon	
27	苯线磷	Fenamiphos	农业部公告第 1586 号
28	地虫硫磷	Fonofos	
29	甲基硫环磷	Phosfolan-methyl	
30	磷化钙	Calciumphosphide	
31	磷化镁	Magnesium phosphide	
32	磷化锌	Zinc phosphide	
33	硫线磷	Cadusafos	
34	蝇毒磷	Coumaphos	
35	治螟磷	Sulfotep	
36	特丁硫磷	Terbufos	
37	百草枯水剂	Gramoxone	农业部、工业和信息化部、国家质量监督检验检疫总局公告第 1745 号
38	氯磺隆	Chlorsulfuron	农业部公告第 2032 号
39	福美胂	Asomate	
40	福美甲胂	Methylarsinediyl bis	
41	胺苯磺隆	Ethametsulfuron-methy	
42	甲磺隆	Metsulfuron-methyl	

（续表）

序号	通用名	英文名	发布文号
43	林丹	Lindane	生态环境部等十一部委联合发布公告 2019 年第 10 号
44	硫丹	Endosulfan	农业部公告第 2552 号
45	三氯杀螨醇	Dicofol	农业部公告第 2445 号
46	氟虫胺	Ethyl perfluorooctylsulfonamide	农业农村部公告第 148 号

表 10　我国禁止在蔬菜上使用的农药

序号	禁止使用范围	通用名	英文名	发布文号
1	甘蓝	氧乐果	Omethoate	农业部公告第 194 号
2	蔬菜	甲拌磷	Phorate	农业部公告第 199 号
3		甲基异柳磷	Isofenphos-methyl	
4		内吸磷	Demeton	
5		克百威	Carbofuran	
6		涕灭威	Aldicarb	
7		灭线磷	Ethoprophos	
8		硫环磷	Phosfolan	
9		氯唑磷	Isazofos	
10	十字花科蔬菜	灭多威	Methomyl	农业部公告第 1586 号
11	草莓和黄瓜	溴甲烷	Bromoform	
12	蔬菜	毒死蜱	Chloropicrin	农业部公告第 2032 号
13		三唑磷	Triazophos	

（续表）

序号	禁止使用范围	通用名	英文名	发布文号
14	蔬菜	乙酰甲胺磷	Acephate	农业部公告第 2552 号
15		丁硫克百威	Carbosulfan	
16		乐果	Dimethoate	

贯彻源头控制和全程防控理念，在生产前尽量阻截病虫害源头，切断传播途径，最大限度地减少和限制病虫害发生；生产期根据实际病虫害防控需求，采用相应防控措施进行预防或控制；生产结束后彻底清除残存病虫，充分发挥各生产环节防控措施作用，取得最佳防治效果。

4. 3. 1　产前预防

4. 3. 1. 1　田园清洁技术。园区内的杂草是多种病虫害的中间宿主，对园区杂草进行彻底清除，有效切断病虫来源。

4. 3. 1. 2　土壤消毒技术。利用太阳能高温闷棚，或用异硫氰酸烯丙酯（辣根素）等药剂处理土壤，杀灭土壤中残留的病菌、线虫、害虫、杂草，减少后期土壤病害的发生。

4. 3. 1. 3　棚室表面消毒技术。利用太阳能高温闷棚，或用异硫氰酸烯丙酯（辣根素）等药剂对棚室表面进行消毒处理，有效杀灭棚室表面残留的病原菌、小型害虫，降低后期发病率。

4. 3. 2　无病虫育苗

4. 3. 2. 1　选择抗耐病品种。根据田间实际病虫发生情况，有针对性的选用抗（耐）病虫品种，有效预防病虫害发生。

4. 3. 2. 2　种子消毒技术。选择温汤浸种、酸处理、碱处理、药剂处理等方法进行种子消毒，有效控制种传病害发生。

4. 3. 2. 3　嫁接技术。选用抗（耐）性砧木材料嫁接，增强作物抗病抗逆能力，预防枯萎病、黄萎病、根结线虫病等病害发生。

4.3.2.4 苗棚消毒技术。利用太阳能高温闷棚，或异硫氰酸烯丙酯（辣根素）等药剂对棚室表面进行消毒处理，有效杀灭棚室表面残留的病原菌、小型害虫，降低后期病虫害发生率。

4.3.2.5 防虫网覆盖技术。在棚室门口、风口覆盖防虫网，起到阻隔各类害虫进入棚室的作用。

4.3.2.6 遮阳网技术。高温季节采用遮阳网、遮阳涂料等措施遮阳降温，同时起到预防病毒病和生理性病害的作用。

4.3.2.7 色板诱杀技术。根据害虫对不同颜色的色板具有趋性的特点，悬挂色板诱杀粉虱、有翅蚜虫、蓟马等多种害虫。

4.3.3 产中防控

除上述的色板诱杀技术、防虫网覆盖技术、遮阳网技术之外，在产中环节，还包括以下防治技术。

4.3.3.1 栽培管理防治。采用果菜与叶菜、叶菜与葱蒜等作物轮作（间套）模式；可调整播期方式，避开病虫高发时期；采用高垄或高畦栽培方式，生产期应及时摘除病叶、老叶、病果，清除田间病株，并带至田外集中无害化处理。

4.3.3.2 性诱技术。通过释放性信息素诱杀雄虫，或干扰其交配，达到防治害虫的目的。

4.3.3.3 灯光诱杀技术。利用害虫的趋光、趋波等特性，引诱害虫成虫，配以电击网或撞击板，达到杀灭害虫的目的。

4.3.3.4 消毒垫（池）技术。在棚室入口处放置消毒垫（池），可杀灭附着在进出人员鞋底的病菌，起到防控多种土传、气传病虫害的作用。

4.3.3.5 生态调控技术。加强棚室的温度、湿度和光照调控，创造适宜于作物生长的环境，提高植株抗逆性。采用地膜、地布覆盖技术，利用滴灌、微喷和膜下暗灌等节水措施，调控空气湿度。合理放风，可采用湿帘、风机、电除雾等装置调控温度和湿度。在菜田四周种植对作物重要害虫有驱避或者诱集作用的植物。

4.3.3.6 天敌控虫技术。利用烟盲蝽、异色瓢虫等天敌昆虫替代农药控制蓟马、粉虱、蚜虫等害虫，可显著降低农药用量。

4.3.3.7 蜜（熊）蜂授粉技术。在草莓、番茄等果蔬上使用蜜（熊）蜂授粉，替代传统激素授粉，有效预防灰霉病，提高蔬菜果实的品质。

4.3.3.8 生物农药应用技术。植物源、矿物源、微生物源等生物农药对环境和人更加安全，利用其替代化学农药防治病虫害，有效降低化学农药用量。

4.3.3.9 硫黄熏蒸技术。将硫黄粉末通过硫黄熏蒸罐加热释放气态硫，起到杀灭病原菌的作用，主要用于草莓、辣椒、瓜类等作物白粉病的预防。

4.3.3.10 高效施药技术。采用常温烟雾施药机、静电喷雾器等高效施药器械施药，可提高防治效率，减轻劳动强度，有效提高农药利用率，提高病虫防控效果和防治效率。

4.4 农田缓冲带

旱地可利用农田缓冲带技术将地表径流中大部分泥沙、部分可溶性氮磷养分及农药等进行生态拦截和吸收利用，从而控制氮磷养分、农药残留等向水体迁移，降低农田面源污染发生风险。宜选择耐水湿、耐冲刷与侵蚀、抗逆性强，耐粗放管理，以及养护管理成本适当的本土草本植物。宽度应不低于 0.5 米，长度应与农田边缘长度相同，草本植物平均高度不低于 0.4 米。

沟渠缓冲带，沟渠底部宜种植低矮、耐冲刷侵蚀、对污染物具有富集作用的密集草丛，同时不影响渠道的排水功能。

坡面缓冲带，沿等高线条带状种植具有护坡效果的植物，植物应为耐冲刷侵蚀的密集草丛以减缓水速和降低雨水侵蚀。加强缓冲带杂草管护，保证单一草本植物的比例不超过 80%。

4.5 废弃物循环

农业生产过程中会产生大量的植株残体，如生产中摘除的带病虫的叶片、枝条、果实，整枝打杈除去的枝杈和多余的花、茎、果，还有生产结束后需要拔除的植株。这些植株残体中一般带有大量的病菌、害虫和虫卵，如随意堆放，会造成病虫大量繁殖，并随着刮风、下雨、浇水或施肥等途径在田间大面积传播，给下茬作物带来大量病虫来源，加重下茬作物病虫害发生程度，间接加大农药用量。如园区已有沼气发酵站或其他植株残体无害化处理设备，可采用这些设备进行处理。如无上述设备，可采用蔬菜秸秆直接还田消毒、生物秸秆反应堆、蔬菜秸秆蚯蚓处理、蔬菜秸秆常规堆肥、纳米膜智能发酵等技术等方式对植株残体进行无害化处理，杀灭病菌、害虫和虫卵，避免为害周边及下茬作物，将农业废弃物转化为堆肥产品还田再利用，提高资源循环利用率，有效防止农业废弃物面源污染。残体无害化处理技术要点详见附录 A-4。

5
污染防控管理措施

5.1 政策引导生态环保产品

农业行政主管部门主导制定农业绿色生态技术的扶持、补贴政策，对采用化肥和农药减量技术的生产主体给予政策补贴，引导生产主体规范农业生产行为，积极参与农业面源污染防控。

目前，北京市已出台商品有机肥补贴政策和新型绿色防控产品补贴政策，实际种植粮经作物和蔬菜的农户或农业生产经营组织，可根据种植的耕地面积，申请相应补贴。在有机肥补贴方面，按照每年每亩地用量限额 1 吨的标准，自愿申请有机肥采购补贴，市级财政补贴金额不超过 480 元/吨；在新型绿色防控产品补贴方面，天敌产品补贴 90%，生物农药、理化诱控、授粉昆虫产品等补贴 50%，高效低毒低残留化学农药产品补贴 30%，累计每亩每年补贴金额不超过 750 元。绿色防控产品补贴申请流程详见附录 A-5。

5.2 创新土肥植保社会化服务

为有效解决北京郊区农村劳动力不足、老龄化女性化严重、一家一户防治施药器械落后、肥料农药利用率低、盲目过度用肥用药、效率低和效果差等问题，鼓励培育推广融合土肥植保的社会化服务。生产主体如园区、新型经营主体、种植大户等，可根据实际需要，选择专业的土肥植保社会化组织开展农业服务。生产主体与社会化服务组织签订服务协议，明确服务范围、内容、考核指标等内容；社会化服务组织开展用肥、病虫害防治以及配套设施等基本情况调研，在市（区）土肥植保技术推广部门的指导下，量身定制实施方案；双方签订服务合同，包括服务内容、服务费用、服务效果、争议处理等；社会化服务组织开展土肥、植保服务，包括工人培训、预案修订优化、土肥技术措施、植保技术措施、调查统计、定期巡棚等；在生产主体确认完服务过程、服务效果后，进行相关费用结算。目前，北京市通过项目补贴、政策性补贴等方式推进社会化服务，并逐步带动出现了非补贴性的社会化服务发展。

5.3 投入品全链条监督管理

5.3.1 肥料和农药产销环节质量监管

严格按照肥料登记管理程序，把好企业生产条件考核关和肥料产品生产原料关，产品质量关；加强市场监管，规范经营行为，全面掌握区域内肥料生产经营情况，强化薄弱环节管理，规范肥料经营销售行为，建立产品质量追溯管理制度；开展肥料质量监测抽查，对肥料产品养分含量进行抽检，确保不合格产品不进入使用环节。

农药严格按照农药登记初审、农药生产许可、农药经营许可审批要求和程序，把好市场准入关；加强市场监管，全面掌握区域内农药生产经营情况，强化薄弱环节管理，建立追溯制度，规范农药生产经营和使用；开展农药产品质量监测抽查，对农药产品有效成分含量和是否添加非登记农药成分进行检测，针对劣质农药和假农药开展执法，净化农药市场，保障农药使用环节的农药投入质量及农产品安全。

5.3.2 肥料和农药规范化存用

5.3.2.1 肥料存放注意事项如下。

（1）固体肥料禁止在距田间排水沟、排水渠或地表水 10 米以内的地方存放；未拆封的肥料尽快从临时地点转移至仓库；搬运肥料时尽量轻拿轻放，避免肥料袋破损，撒落的肥料及时收集清理。

（2）液体肥料禁止在距田间排水沟、排水渠或地表水 10 米以内以及距离井眼 50 米以内的地方存放。

5.3.2.2 肥料使用注意事项如下。

（1）生产主体应当建立肥料田间使用档案。

（2）禁止使用没有登记及不合格的肥料产品；禁止在农田施用以垃圾、污泥为原料加工生产的肥料。

（3）鼓励农户施用有机肥、绿肥、天然矿质肥料、配方肥、缓释（控释）肥料等绿色环保型肥料。

（4）禁止在距离湖或水库半径 200 米以内的地块，或距离泉水、井眼 50 米以内的地块，或距离地表水 2 米以内的地块施肥。

5.3.2.3 农药存放注意事项如下。

（1）农药在存放时，应严格遵照《中华人民共和国农药管理条例》相关规定执行。

（2）应当建立和执行仓储保管制度，确保农药产品的质量和安全。

（3）敌敌畏、乐果等易挥发失效的农药，会造成空气污染，保管时一定要把瓶盖拧紧，实行密封。

（4）避免农药在存放时出现渗漏等问题，造成环境污染。

5.3.2.4 农药使用注意事项如下。

（1）农药在使用时，在施过农药的地块要树立明显的警示标志。

（2）未用完的农药应保存于原包装中，分类密封贮存于库房；

严禁用空饮料瓶或其他容器盛装剩余农药。

（3）药袋或药瓶在倒出药剂后，应用清水清洗 3 次并倒入喷雾器中使用，避免农药浪费和造成污染。

（4）农药包装废弃物不能盛放其他农药，不能盛放人、畜的食用品。

5.3.3 肥料和农药包装废弃物回收

使用后的肥料（化学肥料、有机肥料、微生物肥料、水溶肥料、土壤调理剂等）包装（瓶、罐、桶、袋等）需要回收处理。由肥料使用主体按照“谁使用、谁回收”的原则履行肥料包装废弃物收集回收义务，确保不随意弃置、掩埋或焚烧。根据肥料包装物的功能、材质和再利用价值，采取适宜回收方式。对于具有再利用价值的，由使用者收集利用或者专门的机构（如农资店、经销商、管理部门等）回收后二次利用；对于无再利用价值的，由农户定期归集并交回村庄垃圾收集房（点、站），定点堆放、分类回收后作为农村垃圾进行处理。具体可参考北京市房山区“政府督导+三元回收网络+第三方回收”的工作模式，即政府和第三方牵头组建“农资销售门店、种植园区和种植大户”三元回收网络，农资销售门店负责接收附近农户交回的肥料包装物，种植大户和生态园区负责收集自用肥料包装物，同时接收附近种植户的肥料包装物。农户和回收网点分别按照每个瓶 0.15～0.20 元、每个袋 0.10～0.15 元进行回收补贴。网点回收的包装物由第三方按照 0.30 元/个的补贴价格进行定期专业化清点、打包、收集入库，形成批量后送交专业农业废弃物处理企业。废弃物回收过程采用基于移动互联网技术的信息系统，通过移动终端现场登记废弃物回收品种和数量，打印和扫描二维码，实现一码全程跟踪管理。

农药废弃包装袋应按照谁使用谁交回、谁经营谁回收、谁生产谁处置的原则，采用农药生产企业、农药经营者、农药使用者共同参与的农药包装废弃物回收模式，及时开展农药包装废弃物集中处置。鼓励各区根据《农作物病虫害防治条例》和《农药包装废弃物回收处理管理办法》要求，组织、协调、督促相关部门依法履行农药包装废弃物回收处理监督管理职责，建立健全回收处理体系，统筹推进农药包装废弃物回收处理等设施建设，并监督本行政区域内农药生产者、经营者、使用者履行农药包装废弃物回收处理义务。

5.4 多措并举提高环保意识

5.4.1 技术指导

市区各级耕地建设保护和植保部门分别通过官方网站、微信公众号、微信小程序、微博和手机 App，定期发布作物科学施肥或用药指导意见，指导农户做好节肥节药工作。

科学施肥可参考网站 http：//www.bjtf.org/、“肥事通” App（扫描图 1 二维码下载）和“施肥宝”微信小程序（在微信中搜索小程序“施肥宝”）。

图 1 “肥事通” App 下载二维码

农作物病虫害绿色防控技术信息可参考北京市植物保护站官方网站（北京植保信息网：http：//www.bpps.gov.cn/）、北京市植物保护站官方微信（bj-zwbhz，可扫描图 2 二维码下载）和北京市植物保护站官方微博（@北京市植物保护站）相关内容。

图 2　北京市植物保护站官方微信二维码

市区各级耕地建设保护和植保部门在近几年共同开展节肥节药技术推广的基础上，整合土肥植保技术，制定了北京市 11 种主栽作物减肥减药技术规程，覆盖产前、产中、产后的整地、施肥、施药、灌溉、环境调控、废弃物处理等全过程技术方法，指导农民进行全程绿色生产，防止种植业面源污染发生（附录 B）。

5.4.2　观摩培训

各级技术指导部门可以依托典型种植基地、优质示范户，通过现场观摩、专题培训等形式对行政区域内生产主体实行“目标化、多样化、个性化”生态施肥施药技术培训，不断提高科学施肥施药技术水平和环境保护意识。

各级农业行政主管部门可以加强多层次农技推广及服务体系建设，注重对市区镇村各级推广部门技术人员的培训，努力提高其技术和服务水平。

5.4.3　科普宣传

农业行政主管部门和技术推广服务机构借助报纸、广播、电视和新媒体等多种途径进行种植业面源污染防控科普宣传，让生产主体了解种植业面源污染的来源、本质和危害，掌握种植业面源污染防控的技术措施，理解、支持并参与种植业面源污染防控工作。

组织科技赶集、科技下乡等活动，向生产主体展示面源污染给环境、农产品等带来的负面影响，提升生产主体对不合理施用化肥农药所带来的污染的认知程度，进而主动规范自己的施肥施药行为。

附录 A

种植业面源污染防控技术要点与产品补贴

附录 A-1　设施夏季填闲技术要点

设施常年处于半封闭或封闭状态，没有自然淋溶过程，在蒸发和蒸腾的双重作用下，大量不能被作物吸收利用的养分以无机盐的形式在土壤中不断积累，导致土壤氮磷环境风险加大，同时土壤出现次生盐渍化、酸化等障碍。

6—8 月是北京地区设施常规的夏季休闲期，可种植一茬耐高温、耐涝、短期内有足够生物量的填闲作物，如玉米、樱桃小萝卜、小白菜、茼蒿、番薯等，其中玉米效果最佳。填闲作物在生长过程中吸收利用残留在土壤中的养分转化为自身的有机物，降低氮磷淋溶风险；割青翻压入土后可作绿肥，绿肥在分解过程中，通过微生物活动消耗土壤中的养分，降低土壤溶液盐浓度。

该技术要点适用于设施夏季玉米填闲。

1　土壤次生盐渍化判断

当土壤含水量低，土表有明显的白色粉状盐霜，易板结，破碎后呈灰白色粉末状；当土壤含水量高，土表出现坚硬的结皮层，且有无规律零星点状或连片砖红色粉状物，或紫红色胶状物，并伴随绿苔。

2 做法

在前茬作物拉秧后，清除上茬病株残茬，平整土地并在土表喷施炔螨特 10 毫升/亩，防止玉米受螨虫为害。撒播玉米 12 千克/亩，玉米在整个生长期间不再施用任何肥料，只需在关键时期浇水。玉米生长 40~60 天后，用旋耕机将玉米秸秆就地粉碎还田。此时，可根据上茬作物病虫害发生的严重程度，撒施 30~50 千克/亩石灰氮，再用小型拖拉机从入水口开始，连续“S”形开 6~7 条浇水沟，沟深 20 厘米。灌水浇透后覆盖地膜，高温闷棚 30~50 天。之后，打开上下通风口，揭开地膜，再翻耕一次。7~14 天后，每亩撒施复合有益微生物菌剂 1~2.5 千克，整地、作畦、施肥即可开始。

3 注意事项

3.1 为充分发挥石灰氮分解过程中中间产物杀虫灭菌作用，应使土壤和石灰氮充分混合，保持土壤中足够的水分含量。保水性能较差的地块，应在处理过程中补充适量的水分。

3.2 密封性是决定土壤温度上升高低及快慢的主要因素之一，检查塑料薄膜的损害程度，如有破损，需及时修补。

3.3 闷棚过程中如遇连续阴天或下雨，应适当延长处理天数。

3.4 操作时，必须戴护眼罩、口罩、橡胶手套，身着长裤长袖作业衣、无破损长靴，以免药肥接触皮肤。药肥（石灰氮）一旦接触皮肤，请用肥皂、清水仔细冲洗；如误入眼睛，立刻用清水冲洗，严重者应接受医生治疗。需要强调的是，操作前后 24 小时内不得饮用任何含有酒精的饮料。

附录 A-2 草莓套种技术要点

随着近年来农业观光采摘、休闲旅游的兴起，草莓种植受到农户的普遍青睐并得以迅速发展。草莓因其观赏性好、采摘期长，已成为观光农业的主要种植品种，市场表现为产销两旺，种植面积更有逐年扩大的趋势。传统草莓栽培用肥量偏大，肥料利用率偏低，氮磷养分盈余严重。在草莓生长中后期套种一种或多种适宜的作物，不仅可以提高土地利用率和生产效益，还可以增加作物对肥料养分的吸收效率，同时实现经济效益和生态效益的双提高。两种作物共生期间，水肥药管理以草莓为主，套种作物不再单独进行灌水及施肥施药作业；草莓拉秧后，套种作物原则上不进行施肥作业，根据生长情况，保障水分供应，必要时进行病虫害的防治。

该技术要点适用于草莓套种生产，其中草莓生产管理技术参考本指南附录 B-10《设施草莓减肥减药技术规程》，本部分着重介绍套种作物的技术要点。

1 作物选择

选择适合气候条件、抗病性好的套种作物，可选择洋葱、芹菜、鲜食玉米等。洋葱选择早熟、耐抽、口感甜脆、抗病性强的品种，如紫冠玉葱、中生赤玉、红秀丸等；芹菜选择早熟、耐低温品种，如文图拉、皇后、京芹 2 号等；鲜食玉米选择口感好、开花早、生育期短、植株高度较矮的品种，如美珍 204、美珍 206、中农甜 182、华耐甜玉 23 号等。

2 定植/播种

2.1 草莓定植

在 9 月上旬，将草莓苗定植在垄上，每垄定植两行草莓苗，草莓苗株距为 10 厘米，行间距为 20 厘米。定植时，将草莓幼苗的弓背统一朝向垄外，定植深度以“上不埋心，下不露根”为宜。

2.2　洋葱定植

育苗移栽方法。12 月中下旬进行穴盘育苗，每穴播种 2~3 粒。2 月底到 3 月初，苗高 20 厘米左右，即可定植。定植时选择健壮洋葱幼苗，单行定植在两行草莓中间的垄面上，株距 20~25 厘米，每穴 1 株。定植时将周边的草莓叶片向两侧压一下，增加洋葱接受光照的范围，浇足定植水。

2.3　芹菜定植

育苗移栽方法。12 月上中旬育苗，翌年 2 月中旬左右定植，定植时选择健壮芹菜幼苗定植在两行草莓中间的垄面上，单行栽培，株距 20~25 厘米。定植时将周边的草莓叶片向两侧压一下，增加芹菜接受光照的范围，浇足定植水。

2.4　鲜食玉米播种

直播方式。最佳播种期为 2 月下旬至 3 月初，每孔穴播种 2 粒，播后覆土轻轻按压。育苗移栽。最佳定植期为 3 月 1—15 日。两种模式鲜食玉米均为在两行草莓中间的垄面上，单行栽培，株距 50 厘米。

3　套种期田间管理

在草莓与套种作物共生期间，按照草莓的需求及生长进行合理的浇水施肥，套种作物原则上不单独进行水肥作业；自 4 月下旬草莓拉秧后，及时清理草莓植株。根据套种作物生长情况进行浇水，不再施肥。

草莓套种洋葱的主要虫害是蓟马，可采用农业防治、物理防治、生物防治、化学防治等综合防控技术。生物防治可利用生物天敌东亚小花蝽进行防治。

草莓套种芹菜注意防控芹菜红蜘蛛等虫害。

草莓套种鲜食玉米，5—6 月，白天气温在 30~35℃，由于气温升高，蒸发量增大，温室昼夜通风，适当浇水，确保玉米处于最佳温度条件。玉米苗期中耕蹲苗，使根系充分发育，防止后期倒伏。套种玉米与草莓植株有 50 天左右的共生期，易受蚜虫、红蜘蛛为害，要及时防治。玉米吐丝后应停止使用一切化学农药，确保鲜食玉米的食用安全。

4　收获期管理

4.1　洋葱

洋葱定植后 90 天左右即可采收。洋葱鳞茎成熟的标志是：约 2/3 的植株假茎松软，地上部倒伏，基部第一至第二叶枯黄，第三至第四叶尚带绿色，鳞茎外层鳞片变干。可根据需要适时进行采收，采收前 7 天要停止浇水，延长洋葱的贮存期，防止水分过多造成鳞茎腐烂。

4.2　芹菜

芹菜采收根据市场而定，可分期采收，也可一次性采收。

4.3　鲜食玉米

鲜食玉米生育期短，授粉后 22～25 天采收为最佳成熟期。采收期为 5 月底至 6 月底，在果穗籽粒略转色或花丝转黑色时及时采收。

附录 A-3 蔬菜病虫害全程绿色防控技术要点

蔬菜病虫害全程绿色防控是在蔬菜生产全过程采取“预防为主，防治为辅”的理念，以病虫害源头控制为核心，以理化诱控、生物防治、生态调控、科学用药等有机结合的病虫全程绿色防控技术体系，覆盖作物产前、产中和产后全过程。该技术体系主要包括全园清洁、无病虫育苗、产前棚室和土壤消毒、产中综合防控和产后蔬菜残体无害处理，有 20 多项核心技术组成。在实际生产中可根据蔬菜种类、病虫种类的不同进行科学选择和组合。

1 全园清洁

做好园区环境的清洁是进行绿色防控的第一步，也是保证绿色防控技术效果的重要措施。通过及时清洁全园，彻底清除病残体、杂草及生产废弃物，切断病虫侵染来源，达到降低病虫害发生概率和危害程度的目的。全园清洁具体内容包括：种植前清除植株残体、杂草，生产中期随时清除棚内摘除的病叶、病果，集中回收生产废弃物等。

2 投入品质量控制

化肥、农药等投入品应选择正规厂家的合格产品，避免因投入品含有禁用农药成分影响农产品质量安全。有机肥应具备产品质量检验合格证，不得含有违禁的农药、重金属残留等。农药不得有除登记有效成分以外的其他非法添加成分。

3 无病虫育苗

种子、种苗携带病原菌是蔬菜病害的重要来源之一。带病虫的秧苗，会造成病虫害提早发生，致使防控难度增大。在育苗环节就需做好病虫防控，培育无病虫的健康壮苗。可以采取以下多项核心技术：选用耐病或抗病品种、种子消毒、苗棚表面消毒、育苗基质消毒、采用防虫网和色板防控害虫、科学使用农药等。

3.1　选用耐抗病品种

根据当地病虫发生特点，选用耐病、抗病优良品种。例如，针对番茄黄化曲叶病毒病，可选用京彩6、京番309、金棚11号、红贝贝等；针对番茄根结线虫病，可选用京番308、京番309、仙客5号、仙客8号等。

3.2　种子消毒

3.2.1　温汤浸种。根据蔬菜种类确定浸种水温和时间，主要用来杀灭种子表面携带的病菌。茄果类种子用52℃温水浸种30分钟，瓜类种子用55℃温水浸种20分钟，十字花科类种子用50℃温水浸种20分钟。

3.2.2　酸处理。预防可能传带的多种细菌性病害，如十字花科蔬菜黑腐病、番茄溃疡病、瓜类角斑病等，宜采用1%柠檬酸溶液浸泡种子40~60分钟，用清水洗净后再浸种催芽。

3.2.3　碱处理。预防可能传带的病毒病，宜采用10%磷酸三钠溶液，或0.2%高锰酸钾溶液浸泡种子30分钟，捞出后用清水洗净。

3.3　苗棚表面消毒

3.3.1　日光高温闷棚。夏季可使用日光高温闷棚的消毒方式，确保棚内温度达到55℃以上，闷棚4~5天。

3.3.2　药剂处理。在育苗前清除棚内杂草和植株残体。根据病虫发生情况选用广谱性杀虫剂、杀菌剂处理棚室表面。建议使用熏蒸性药剂或烟剂，渗透性强，消毒效果好。例如，20%异硫氰酸烯丙酯（辣根素）水乳剂1升/亩熏蒸处理、硫黄粉500克/亩烟熏处理，30%敌敌畏烟剂300克/亩、15%腐霉·百菌清烟剂200克/亩配合熏蒸处理等。如无熏蒸性药剂，也可用其他剂型药剂在棚内均匀喷洒。

3.4　防虫网隔离防虫

在育苗棚室的门口和通风口分别设置40~50目防虫网，将出入口、通风口完全覆盖，以阻隔害虫传入。防虫网必须在棚室消毒和育苗前设置，不能等害虫进入后再设置。预防番茄黄化曲叶病毒病时建议使用 50 目防虫网。

3.5　色板诱杀害虫

应在出苗后悬挂黄板诱杀蚜虫、粉虱、斑潜蝇等害虫，悬挂蓝板诱杀蓟马等害虫。悬挂高度应高出秧苗顶部 5 厘米，每亩挂设 25 厘米×30 厘米色板 30 块，或 30 厘米×40 厘米色板 20 块。

3.6　出棚前药剂防治

为确保菜苗不带病虫，在出棚前选择广谱性药剂进行蘸根或喷施处理。生物药剂可选用寡雄腐霉菌、枯草芽孢杆菌和木霉菌等药剂；化学药剂可选用嘧菌酯、苯醚甲环唑、阿维菌素和氟啶虫酰胺等药剂。

4　定植前棚室表面和土壤消毒

棚室内部暴露在空气中的地方，如棚膜、棚架、墙壁、地表面、立柱、架杆（吊绳）等表面都可能粘附病菌和小型害虫。随着蔬菜种植年限增加，土壤中根结线虫、镰孢菌、丝核菌、疫霉菌等多种土传有害生物数量逐年增加，在种植下茬作物前，特别是连茬种植同一种或同一类蔬菜，定植前进行棚室表面和土壤消毒可以显著降低气传病害、土传病害和小型害虫的为害程度或推迟发生时期，减少蔬菜生长期防治次数，降低农药用量。

4.1　棚室表面消毒

主要方法包括日光高温闷棚和药剂处理。参见 3.3。

4.2　土壤消毒

针对土传病害严重棚室，可采用土壤消毒方法处理。处理方法主要有太阳能高温消毒、生物或化学熏蒸、针对性药剂处理等。

4.2.1　太阳能高温消毒。在 7—8 月设施种植的空茬期，深翻土壤 30~40 厘米，每亩加入碎玉米秸秆 300~500 千克，生鸡粪或生牛粪 4 米^3，与土壤翻耕均匀，浇透水，之后地表覆透明塑料膜，四周压实，视天气情况密闭闷棚 30~45 天。

4.2.2 生物或化学熏蒸。使用 20%异硫氰酸烯丙酯（辣根素）、棉隆、威百亩等生物或化学药剂熏蒸处理土壤。如异硫氰酸烯丙酯（辣根素）熏蒸处理，在定植前 2 周，在整好地的土壤表面铺滴灌管，密闭覆盖地膜，每亩用 20%异硫氰酸烯丙酯（辣根素）水乳剂 4~6 升，随水将异硫氰酸烯丙酯（辣根素）溶液均匀滴入土壤耕作层，密闭熏蒸 3~5 天后揭膜散气 5 天以上。

4.2.3 针对性药剂处理。针对枯萎病、疫病、根结线虫等单一土传病害可选择针对性药剂处理，如防治根结线虫可选用 5 亿活孢子/克淡紫拟青霉、41.7%氟吡菌酰胺悬浮剂等药剂处理，防治枯萎病可选用 300 亿芽孢/毫升枯草芽孢杆菌、10 亿 CFU/克多黏类芽孢杆菌、0.1%噁霉灵颗粒剂等药剂处理。使用方法可采用穴施、定植时灌根等。

5 产中科学防控

5.1 遮阳网防病

为预防病毒病和生理性病害，在高温季节可采用遮阳网技术。通过棚顶覆盖、棚内覆盖、棚网覆盖等方式覆盖遮阳网，隔离害虫与蔬菜，减少害虫为害、控制病毒病发生。夏季高温炎热季节降温保湿，防风、防雹、防暴雨，防止日照过强灼伤作物。不同颜色和不同编织密度的遮阳网遮光率通常为 40%~80%，根据作物的喜光程度，选择遮光率适宜的遮阳网。一般以黑色、银灰色在蔬菜覆盖栽培上用得最普遍。黑色遮阳网一般用于夏秋高温季节和对光照要求较低、病毒病害较轻的作物，如伏秋季的小白菜、娃娃菜、香菜、芹菜、大白菜、菠菜等绿叶蔬菜的栽培。银灰色遮阳网的透光性好些，且有避蚜作用，一般用于初夏、早秋季节和对光照要求较高的作物，如萝卜、番茄、辣椒等的覆盖栽培。

5.2　防虫网阻隔

定植前在棚室出入口处和通风口完全覆盖防虫网，可有效控制各类害虫进入棚室内部。防控蝶类、蛾类害虫选择 20~30 目，防控粉虱、蚜虫、斑潜蝇等害虫选择 40~50 目。

5.3　色板诱杀害虫

在定植后分别挂设 3 块/亩黄板和蓝板，用于监测害虫发生动态。害虫发生后，挂设 25 厘米×30 厘米色板 30 块/亩，或 30 厘米×40 厘米色板 20 块/亩。色板下缘应高出蔬菜顶部 10~20 厘米。

5.4　设置消毒垫（池）

对进出棚室的人员鞋底进行消毒处理，避免由于人为进出棚室传播根结线虫病、枯萎病、根腐病、疫病等土传病害。推荐在棚室入口处设置消毒池或放置浸有消毒液的消毒垫，消毒液可选用双链季铵盐类、含氯消毒剂等，定期补充。也可选用生石灰消毒，推荐用量 100~105 克/米^2，撒施范围不少于 80 厘米×60 厘米。

5.5　合理灌溉

推荐使用滴灌、膜下暗灌等水肥一体化节水灌溉措施，减少用水量、减少水分蒸发，有效降低空气湿度，减少植株表面结露，延缓和预防病害发生，降低病害发生程度。

5.6　蜜（熊）蜂授粉

使用蜜（熊）蜂授粉，替代植物生长调节剂，能显著降低灰霉病发生程度，减少农药用量。同时还可以降低畸形果率，提高果实口感和产品质量。应在作物初花期开始释放蜜（熊）蜂，同时注意确保棚室温度，使用蜜蜂时宜保持在 14~30℃，使用熊蜂时宜保持在 12~30℃。应用蜜（熊）蜂授粉时应严格控制农药使用，禁止使用吡虫啉、噻虫嗪、高效氟氯氰菊酯等对蜜（熊）蜂高毒、持效期长的农药，优先采用物理、生态、生物等非药剂方式控制病虫，如确需使用农药应选择枯草芽孢杆菌、苦参碱、氟啶虫酰胺等对蜜（熊）蜂风险性小的农药种类，施药时将蜂箱搬出棚室，安全间隔期过后再搬回棚室。

5.7　硫黄熏蒸防病

硫黄熏蒸技术主要用于草莓、辣椒、瓜类等作物白粉病的预防。一般配合电热式硫黄熏蒸器使用，温室内每亩均匀放置6~8个熏蒸器，高度距离地面1.5米，并在熏蒸器上方80厘米设置防护罩，以免棚膜受损。每次硫黄用量20~40克，硫黄投放量不超过钵体的2/3，以免沸腾溢出。使用时间推荐在晚上6—11时，保持棚室密闭至少5小时，次日及时通风换气。

5.8　高效施药器械

优先选用常温烟雾施药机、弥雾机、弥粉机、静电喷雾器等精准高效施药器械施药，提高农药利用率和防治效果，减少农药对环境的污染。

5.9　精准施药技术

为解决农民凭经验随意配兑施药，导致病虫产生抗性、效果不好、农药浪费、残留或污染等问题，推荐使用精准施药系列配套量具。配套量具包括一次性注射器、不同规格量杯、10升水（药液）箱和0.1~10.0克固体量具，并配备有药勺、清洁刷、胶皮手套、施药服等。

5.10　天敌昆虫防治害虫

天敌昆虫是一类寄生或捕食其他害虫的昆虫或螨类。利用天敌昆虫或螨类防治害虫，可以有效减少环境污染。因地制宜释放天敌防治害虫，释放瓢虫防治蚜虫，释放丽蚜小蜂或者烟盲蝽防治粉虱，释放捕食螨防治叶螨，释放东亚小花蝽防治蓟马，释放昆虫病原线虫防治韭蛆、蛴螬等地下害虫。

5.11　杀虫灯诱杀

杀虫灯主要是利用害虫对光、波、颜色等的趋性，将光波设在特定的范围内，引诱成虫上灯，灯外配以水盆、频振高压电网等，达到杀灭成虫、降低田间落卵量的目的，从而减少虫口密度，控制为害。生产中通常使用频振式杀虫灯，一般每 30～45 亩设置一盏灯。

5.12　性诱捕诱杀

性诱捕诱杀技术主要用于露地蔬菜小菜蛾、甜菜夜蛾、斜纹夜蛾、棉铃虫等害虫诱杀。根据害虫发生种类选择相应的性诱剂，在播种前或移栽前 7 天布放。小菜蛾诱捕器放 3～5 个/亩；甜菜夜蛾、斜纹夜蛾诱捕器放 1～3 个/亩。不同种类诱捕器联合使用时，需注意性诱剂间的交互影响。未使用的诱芯应低温保存。虫量发生较大时，应与其他防治方法配合使用。

附录 A-4　植株残体处理技术要点

农作物残体无害化处理技术包括太阳能高温闷棚技术、生物秸秆反应堆技术、蚯蚓处理技术、蔬菜秸秆常规堆肥技术、纳米膜智能发酵技术等，其中，蔬菜秸秆直接还田消毒技术适用于未发生细菌性病害和根结线虫病害的残体，其余技术不受病虫害发生情况影响，农户可以根据植株残体的种类、残体上携带病虫害情况以及场地等情况，选择适合的技术。通过处理杀灭病菌、害虫和虫卵，避免为害周边及下茬作物，将农业废弃物转化为堆肥产品还田再利用，提高资源循环利用率，有效防止农业废弃物面源污染。

1　太阳能高温闷棚技术

1.1　操作方式

1.1.1　清洁地块：将选定田块内上茬作物收获后的遗留物清理干净，深埋或放置到远离种植区域的地方（图 A-4-1）。

图 A-4-1　清洁地块

1.1.2　将稻草、麦秸（最好粉碎或铡成 4~6 厘米小段，以利翻耕）或其他未腐熟的有机物均匀撒于地表，亩用量 300~500 千克。

然后，均匀撒施 40~80 千克/亩石灰氮（图 A-4-2、图 A-4-3）。

图 A-4-2　撒施作物秸秆

图 A-4-3　撒施石灰氮

1.1.3　深翻：用旋耕机或人工将有机物和石灰氮深翻入土壤，深度 30~40 厘米为佳。翻耕应尽量均匀，以增加石灰氮与土壤颗粒的接触面积（图 A-4-4）。

1.1.4　做畦：做高 30 厘米、宽 60~70 厘米的畦。做畦目的是增加土壤的表面积，以利于快速提高地温，延长土壤高温所持续的时间，取得良好的消毒效果（图 A-4-5）。

图 A-4-4　深耕土壤

图 A-4-5　起垄或做畦

1.1.5　密封地面：用透明的塑料薄膜（尽量用厚棚膜，不要用薄地膜）将土壤表面密封起来（图 A-4-6）。

图 A-4-6　密封地面

1.1.6　灌水：从薄膜下往畦灌水，直至畦面湿透为止（图 A-4-7）。保水性能差的地块可再灌水一次，但地面不能一直有积水。

1.1.7　封闭温室：将温室完全封闭，注意温室出入口、灌水沟口不要漏风（图 A-4-8）。一般晴天时，20~30 厘米的土层能较长时间保持在 40~50℃，地表可达到 60~70℃以上的温度。高温持续 20 天左右可有效杀灭土壤中多种真菌、细菌及根结线虫等有害生物。

图 A-4-7　膜下灌水

图 A-4-8　封闭整个棚室

1.1.8　打开棚膜，揭地膜：打开温室通风口，揭开地面薄膜，翻耕土壤（图 A-4-9）。

1.1.9　等待 7~14 天后，在施用有机肥和化肥的基础上，添加相应微生物菌剂，如寡雄腐霉菌、枯草芽孢杆菌、木霉菌等，即可进行定植。(图 A-4-10)。

图 A-4-9　打开棚膜揭地膜

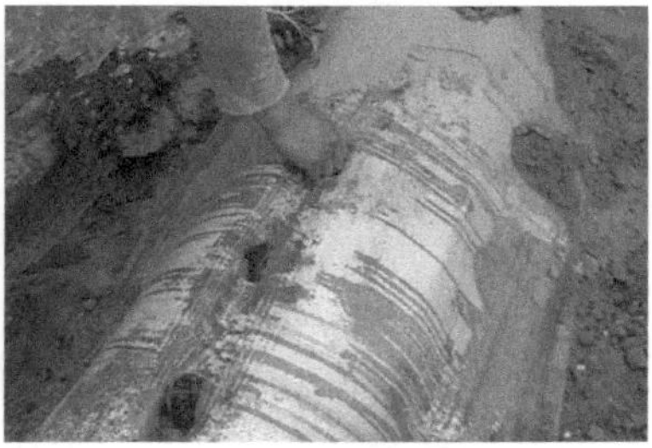

图 A-4-10　定植

1.1.10　根据病害情况，在不同生长阶段，可以继续开沟或穴施生物修复菌剂，具体用量参照产品说明。

1.2　注意问题

1.2.1　为充分发挥石灰氮分解过程中中间产物杀虫灭菌作用，应将土壤和石灰氮充分混合，保持土壤中足够的水分含量。保水性能较差的地块，应在处理过程中补充适量的水分。

1.2.2　密封性是决定土壤温度上升高低及快慢的主要因素之一，应经常检查塑料薄膜的损害程度，如有破损，须及时修补。

1.2.3　处理过程中，如遇连续阴天或下雨，应适当延长处理天数。

1.2.4　可以在育苗时向基质加入生物修复菌剂，提高苗期对线虫等病虫害的抵抗能力。

1.2.5　操作时必须戴护眼罩、口罩、橡胶手套，身着长裤长袖作业衣、无破损长靴，以免药肥接触皮肤。药肥（石灰氮）一旦接触皮肤，请用肥皂、清水仔细冲洗；如误入眼睛，立刻用清水冲洗，严重者应接受医生治疗。需要强调的是，操作前后 24 小时内不得饮用任何含有酒精的饮料。

2 生物秸秆反应堆技术

生物秸秆反应堆是指在设施生产中利用农业生产产生的废弃秸秆（如蔬菜秧、玉米秸秆、菌棒等）通过微生物发酵，将秸秆中的氮、磷、钾及微量元素等养分分解释放，供给下茬作物利用，实现营养循环利用。

晚秋、初冬季节建内置反应堆，应在作物定植前 10~15 天做好；早春拱棚可提前 30 多天建好待用；晚春、早秋现建现用。在作物移栽前，沿定植行挖一条宽 70 厘米、深 20 厘米的沟，把提前准备好的秸秆填入沟内，铺匀、踏实，填放秸秆高度为 30 厘米，南北两端让部分秸秆露出地面（以便于往沟内通氧气），然后把用麦麸拌好的菌种和饼肥均匀地撒在秸秆上，再用铁锨轻拍一遍，让菌种漏入下层一部分，覆土 18~20 厘米厚。浇大水湿透秸秆，水面高度达到垄高的 3/4，浇水后反应堆启动发酵过程，做好移栽准备。

2.1 秸秆用量

秸秆用量要足，要和菌种用量搭配好，每 500 千克秸秆用菌种 1 千克，每亩用秸秆 4 000~5 500 千克。

2.2 日常管理

2.2.1 浇水时不要冲施农药，特别要禁冲杀菌剂，地面以上可喷农药预防病虫害。

2.2.2 定植后不要马上冲施化肥，以避免降低菌种、疫苗活性，后期可根据地力情况，适当追施有机肥和复合肥。

2.2.3 科学用水是应用好反应堆的关键。第一水是反应堆的启动水，水量要大，掌握的原则是使秸秆尽量吸足水，水量以手握后滴水为宜。第一水后的第 4~5 天在畦面打孔。第二水是定植缓苗水，浇水千万不能大，要浇小水。定植当天，每颗苗浇 1 碗水，高温季节隔 3 天再浇一次；低温季节隔 7 天再浇 1 碗水；中温季节隔 5 天要再浇 1 碗水。定植后不要盖地膜，等 10 多天苗缓过来后再盖地膜，并及时打孔。切记不能浇水过多，在第一次浇水湿透秸秆的情况下，根据发酵情况再浇水。冬季浇水要做到“五不能”（一不能早上浇，二不能晚上浇，三不能勤浇，四不能阴天浇，五不能降温期浇）。早春作物必须分段浇水，10~15 厘米一段，否则浇水过大，会闷苗烂根，应用滴灌浇水，水量控制得好，效果最好。浇水后的 3 天，要将风口适当放大些，使潮气排除。

2.2.4　鲜秸秆发酵效果好于干秸秆，可在干秸秆堆适当撒施少量尿素，调节碳氮比例，提高发酵速度。

2.2.5　1 千克菌种 20 千克麦麸，1 千克麦麸加 0.8 千克水，先把菌种和麦麸干着拌匀再倒水，要求拌好后用手攥，手缝滴水。菌种现拌现用，为使菌种撒施均匀，可掺 50 千克饼肥。

3　蔬菜秸秆蚯蚓处理技术

3.1　场地规划与选址

按处理废弃物体积的大小确定蚯蚓养殖面积，50 亩以下蔬菜种植园处理场地 100 米^2 即可，50~100 亩园区处理场地 150~200 米^{2}即可，100~200 亩园区处理场地 200~300 米^2 即可；场地选择在土地平整的地方，有水源，形状以长方形为佳。

3.2　场地搭建与分区

各种空闲处理场地均可，建设具有遮阳避雨条件的场地更有利于蚯蚓养殖，采用设施冷棚形式即可；需要铺设水管，便于蚯蚓生长过程中定期补水。处理场地可分为条垛养蚯蚓区、晾晒区、原料粉碎区、原料堆肥区、蚯蚓粪堆放区等区域。

3.3　蚯蚓种获取与处理

处理秸秆废弃物的蚯蚓选择个体体型大、生长快、健壮、生活力强、吞噬力大的蚯蚓种，一般为太平 2 号品种，可从蚯蚓养殖基地直接采购原种。购买时需要了解蚯蚓种是否经过提纯复壮、是否出现退化；了解销售蚯蚓种企业能否提供售后服务，如提供贮藏运输条件，保证蚯蚓种在运输途中正常存活。

蚯蚓种购买回来以后，先用1%~2%福尔马林溶液喷洒在蚯蚓表面，5小时后再喷洒一遍清水；将药物处理过的蚯蚓种放入单独的器具中饲养，经过1周的饲养观察，确认无病态现象，放入饲养条垛中饲养。

3.4 蚯蚓处理废弃物

3.4.1 饲料铺设

在购买蚯蚓之前，将废弃物配置成饲料。饲料采用条垛式平铺，平铺厚度40~50厘米，宽度1~1.5米，长度依据场地可长可短，条垛之间间隔1米的距离。

3.4.2 投放蚯蚓

在傍晚时候向铺好的饲料投放蚯蚓，每隔5米投放5千克蚯蚓，蚯蚓会自动进入饲料并分散开处理废弃物。

3.4.3 日常管理

3.4.3.1 温度管理：蚯蚓生活最佳温度为20~25℃，春季超过14℃可以将覆盖的塑料薄膜撤去。秋冬季温度低于10℃应该加温，可以用增加粪肥、覆盖草料等方式提高温度。夏季温度超过30℃需要降温，种植遮阳作物、搭建遮阳网、适当喷水降低温度。

3.4.3.2 水分管理：蚯蚓生长的饲料最适宜水分含量为60%~70%。实际生产靠经验去判断。用手将饲料捏成团后，手指缝有积水，有少量滴水，含水率为50%~60%；用手将饲料捏成团，有间断的水滴，含水率为60%~70%；用手将饲料捏成团后，水滴呈线状下滴，含水率为70%~80%。

温度和湿度要保持相对平衡，夏季温度高时饲料透气性增强，需要频繁补水，水分蒸发降低温度，相反，冬季温度低时饲料通气性弱，蒸发较慢，水分保持不能太高。总之，水温管理切勿出现高温度、低湿度，或低温度、高湿度的现象。在春季惊蛰节气后7~10天，气温稳定在5℃以上时，可向过冬的蚯蚓堆体浇透水，保证蚯蚓快速成活。

3.4.3.3 饲料投放管理：观测到条垛高度明显下降，或者饲料变成均匀松散颗粒，即可投放新鲜饲料。秋冬季可在上方覆盖30~50厘米厚的饲料，继续保持蚯蚓活性并保证过冬；夏秋季在间隔区紧挨着原来的饲料铺设新鲜的饲料，蚯蚓会自己爬向新鲜饲料。秋季是处理废弃物效率最高的季节，可以大量投放作物秸秆，并注意秸秆养分含量，适当时需要更换饲料。

3.4.3.4 防止蚯蚓逃逸：如果饲养管理疏忽，往往会造成大量蚯蚓逃逸，其原因及解决方法如下。①部分饲料仍在发酵而产生不良气体；需要充分发酵，堆体内温度达到40~50℃即表明充分发酵。②淋水过多、排水不良或饲料积水；应加强地面排水，或者地上设置遮雨设施。③饲养温度严重偏离蚯蚓生长适宜范围；温度过高应加强通风降温，温度过低要采取保温措施。④添加的饲料中有蚯蚓敏感的有毒成分；注意保障饲料来源可靠。

3.4.4 蚯蚓与蚯蚓粪分离

当饲料床物料颗粒大小呈现均一化，表明已全部粪化，应该清粪。可采以下3种蚯蚓与蚯蚓粪的分离方法。

3.4.4.1 侧投法分离：把新饲料投放在旧料的两侧，经过1~2天，蚯蚓爬进新料床，然后将原旧料、蚯蚓茧和幼蚯蚓全部移除。该方法适用于处理场地较大、废弃物量较多的园区。

3.4.4.2 上投法分离：将新饲料撒在原饲料上面，约5~10厘米厚，然后用草帘覆盖，隔1~2天后，趁大部分蚯蚓钻入表面饲料中进食时，将表面新饲料快速刮至两侧，再除去中心粪料，然后把有蚯蚓的新饲料放在原处。在原饲料床两侧平行设置新饲料床，经

2~3 昼夜或稍长时间后，蚯蚓自行进入新饲料床，这时可清除中心部分已粪化的原饲料堆，然后把两侧新鲜饲料合拢到原来位置。该方法适用于处理场地较小的园区。

3.4.4.3 光照法分离：在条垛一侧的空地铺一层厚塑料膜或者编织袋布，把条垛物料移动到铺好的膜或布上，强光照射后使得蚯蚓向下层移动，从上层依次刮走 3~5 厘米蚯蚓粪，蚯蚓逐渐向下方聚集，实现蚓粪分离。

4 蔬菜秸秆常规堆肥技术

依据秸秆类蔬菜废弃物养分含量、含水率高、碳氮比低的特点，将蔬菜废弃物与高碳氮比的玉米秸秆、畜禽粪便等进行联合高温堆肥，实现蔬菜废弃物无害化处理和循环利用。

4.1 堆肥前期准备

4.1.1 堆肥地点选择

堆肥地点要求地形平坦，地势稍高，利于排水，通风良好，交通便捷，应远离居民区或与居民区隔离。

4.1.2 堆肥原料准备

堆肥原料包括主料和辅料，其中主料为蔬菜秸秆和畜禽粪便，辅料可选择高碳氮比农作物，如秸秆、豆渣、蘑菇渣、树枝、微生物菌剂等。

4.1.3 粉碎处理

堆肥前，秸秆类应进行粉碎处理，长度 5 厘米以下。

4.2 堆肥方法

4.2.1 碳氮比调节

将牛粪（或猪粪、鸡粪）、蔬菜秸秆、玉米秸秆（或蘑菇渣、园林废弃物等）按重量比 2：1：1 的比例进行混料，调节碳氮比至（20：1）~（30：1）。

4.2.2 水分调节

通过添加干、湿物料或加水，调节废弃物堆料的初始含水量至60%左右。

4.2.3 微生物接种

可添加微生物菌剂，添加量为堆体质量的 0.1%~0.4%，可添加秸秆腐熟剂，腐熟剂用量为每吨秸秆添加 5 千克。

4.2.4 起堆

物料混匀后分 3~4 层堆放，每层厚度 30~40 厘米。每层物料均匀撒上秸秆腐熟剂，从下层至上层的撒放比例为 4：4：2（3层）或 3：3：3：1（4 层）。物料堆制好后用塑料布覆盖，用温度计监测堆体内温度。

4.2.5 翻堆

根据不同堆体温度及时翻堆。当物料温度升高到 65~70℃时，保持 7~10 天左右。堆肥 10~12 天，翻堆一次。此时，发现物料表面生长白色菌丝和孢子为发酵良好，即一次发酵过程，完成堆肥无害化阶段。当物料温度由 65~70℃开始下降到 60~65℃，为物料温度维持阶段，即二次发酵过程。此时为堆肥后 20 天左右，再翻堆一次。翻堆后，物料温度下降到 40℃以下，开始后腐熟阶段，再继续堆制 10~15 天，完成好氧堆肥整个周期 30~35 天。

4.3 腐熟度判断

4.3.1 外观判断：疏松的絮状或粉末状结构，褐色或黑色，无臭味。

4.3.2 堆体温度判断：堆体温度降到 35℃以下，且连续两天温度差不超过±2℃。

4.3.3 发芽指数 GI≥50%。

4.4 注意事项

4.4.1 选择蔬菜秸秆时，须把患病的植株捡出，防止病害蔓延；

竹子叶、亚麻叶、甘蓝叶不适合做堆肥原料。

4.4.2 农户自家堆肥时，在裸露的土地上先放一层细碎且粗糙的纤维物质，以利于排水。

4.4.3 冬季堆肥时，堆体宜大不宜小，有利于促进肥堆升温腐熟。

5 纳米膜智能发酵技术

纳米膜智能发酵技术是利用高分子纳米膜覆盖及物联网智能控制，通过高效的菌剂和智能供氧设备，将畜禽粪便、园林废弃物、植物秸秆、生活垃圾等固体有机废弃物进行快速好氧发酵，制成优质土壤调节剂，从而实现固体有机废弃物的资源化利用。纳米膜智能发酵技术建堆工作流程见图 A-4-11 和图 A-4-12。

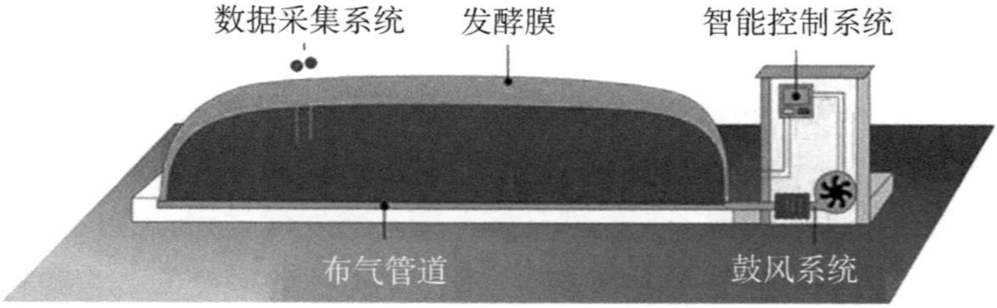

图 A-4-11 纳米膜智能堆肥示意

纳米膜的核心材料是 ePTFE 高分子选择性透过微孔膜，内层与外层均采用耐磨特种复合布。微孔膜上的小孔不允许大分子（如有气味物质或生物气溶胶）通过，因此，这种耐磨特种复合布能长时间防风防水、透气，同时还能防止臭味、灰尘、细菌的散发。布料表面经特殊处理，可长时间放在户外露天环境中。该材料能加快堆肥发酵过程，在通风设备的协助下，堆肥可保持湿润且富含氧气的发酵环境，促进微生物大量繁殖以及氧气分解异化和合成同化作用（图 A-4-13）。

以纳米膜智能发酵设备 NM-60 为例，最多配备 2 名人员，全

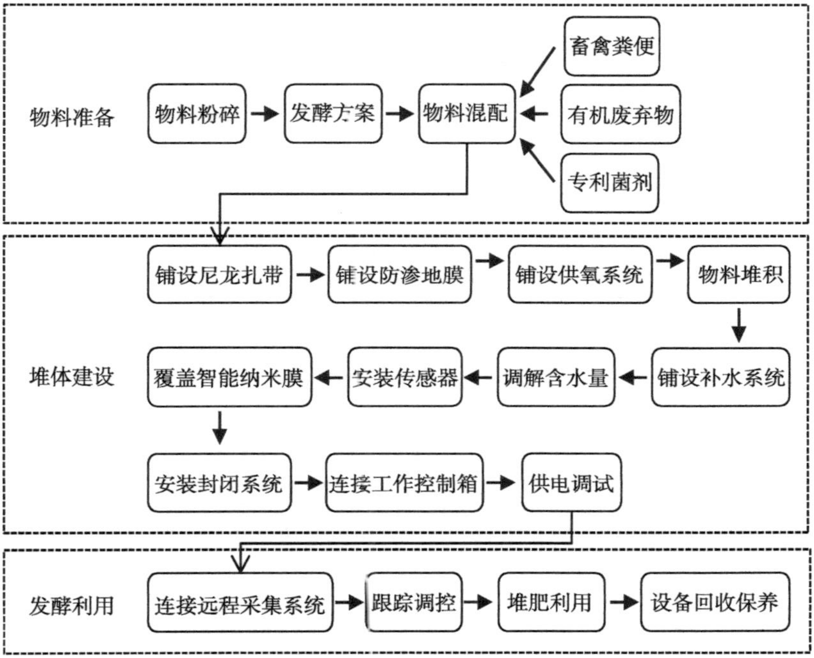

图 A-4-12　纳米膜智能发酵技术建堆工作流程

程最多 4 个工次，对设备建设地点无特殊要求，非硬化地面均可进行（坡度较大的情况除外），一个标准堆体的场地为长×宽×高＝10 米×4 米×（1.5~2 米），占地面积为 40 米^2，日耗电 2~3 度，平均处理成本 65 元/吨，设备投资 4.15 万元。单次处理能力可达到 60 米^3，每年按处理 5 次计算，年总处理量为 300 米^3，每立方米有机废弃物预计可产出 0.7 吨的土壤改良剂，总计可产出土壤改良剂约 210 吨。解决了有机废弃物乱堆乱放、滋生有害生物、焚烧污染环境等问题和传统堆肥的弊端，降低了区域内残体集中处理的收集、运输、处理后再转运的成本。产出品就地还田，改良土壤，实现循环可持续发展。

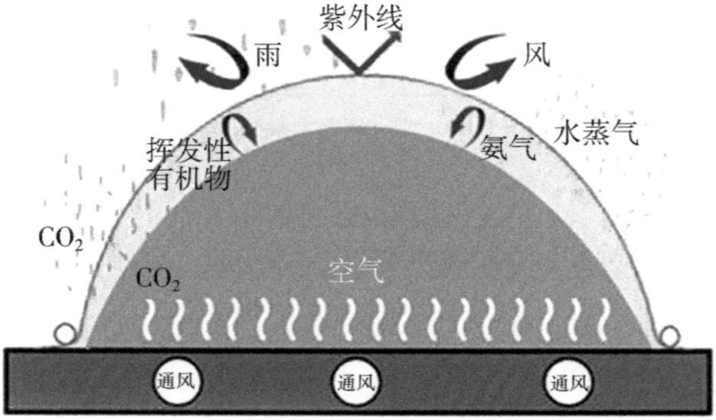

图 A-4-13　纳米膜功能

相比于传统简易堆肥，产生的土壤改良剂就地还田或加工包装成有机肥、配方营养基质等深加工品，可进一步提高使用者经济收益。该技术可实现模块化移动、立体循环处理，无需翻堆且耗能低；操作简单，省时省人工；温度可自动控制，发酵周期比传统堆肥缩短 50%，深度腐熟，杀菌完全，堆肥质量均匀；纳米膜环保、防止臭味散出。

附录 A-5　农作物病虫害绿色防控产品补贴申请流程

1　农药减量使用信息管理系统简介

为减少化学农药使用，推广绿色防控技术，北京市将农作物病虫害全程绿控技术应用、绿控示范基地建立、三级植物健康体系建设、专业化统防统治与绿控融合等重点工作有机结合。在此基础上开发建立了北京市农药减量使用管理系统，积极探索绿色防控技术物化产品补贴模式，对使用绿色防控产品的使用者给予一定比例的限额补贴（天敌产品补贴 90%，生物农药、理化诱控、授粉昆虫产品等补贴 50%，高效低毒低残留化学农药产品补贴 30%，累计每亩每年补贴金额不超过 750 元），引导并鼓励农民自愿地应用农药减量增效与绿色防控产品，切实保障生态环境安全，实现了对绿控技术物化补贴工作的信息化、实时化管理，有效促进了农药减量工作的开展。补贴产品名录可扫描图 A-5-1 的二维码下载。

图 A-5-1　补贴产品名录下载二维码

2　补贴申请流程

2.1　登录北京市农药减量使用管理系统（www. nyjl. bpps. org. cn），点击“马上注册”，选择补贴对象，填写个人信息。

2.2 联系村、乡镇农业主管部门并报当地区级植保部门审核备案。

2.3 审核完成后，扫描图 A-5-2 的二维码，下载“植保通”App，登录后即可使用“我的”中的二维码（北京市作物健康保障一卡通电子版），到附近的植物诊所开具处方。

图 A-5-2 “植保通”App 下载二维码

2.4 处方开具完成后即可到附近农资经营门店买药并享受相应比例的补贴。

附录 B

北京市主栽作物减肥减药技术规程

附录 B-1　夏玉米减肥减药技术规程

青贮玉米生物产量高、纤维品质好、持绿性好、干物质和水分含量适度，宜厌氧发酵。乳熟末期至蜡熟期间整株收获后，经粉碎加工或贮藏发酵可调制成牛、羊等草食家畜的优质饲料。平均每亩可收获 5 000~ 6 500 千克鲜物质。

该规程适用于北京地区青贮玉米生产。

1　生育周期

北京地区一般 6 月中下旬播种，7 月中旬拔节，8 月中旬开始抽雄、散粉、吐丝。9 月下旬至 10 月上旬成熟。全生育期 90 ~ 100 天。

2　养分需求

玉米全生育周期吸收的氮素最多，钾次之，磷较少。玉米对氮、磷、钾的吸收主要在抽穗授粉前，这个时期可以吸收总需氮量的 85%，吸收总需磷量的 70%，吸收总需钾量的 70%。

3　品种选择

3.1　适宜品种

建议选择丰产性好，抗逆性强的品种。北京地区适宜品种包括京科青贮 301、京科青贮 516、农大 108、农研青贮 6 号等。

建议从正规农资公司采购，优先选购包衣种子。种子籽粒必须大小均匀、颗粒饱满，出芽率90%以上。非包衣种子播前晒种1~2天，也可播前采用3%苯醚甲环唑+8%氟虫腈悬浮种衣剂处理种子。

3.2 适宜播种量

根据品种特性、土壤肥力、种植密度和种子大小等确定适宜播种量。一般每亩播种量2.5~3.0千克。

4 肥料选择

4.1 缓释肥料

北京地区青贮玉米生长周期为6月中下旬至10月初，全生育期雨养为主。7—8月拔节孕穗需肥高峰恰遇高温、多雨气候，如果追肥使用普通尿素等肥料，追肥过程可能会造成一部分氮、磷通过挥发、径流或淋溶途径损失，引发面源污染风险。缓释肥料可以控制养分释放速率和释放量，充分匹配作物需肥规律，相对普通肥料，抑制前期养分释放的同时，还可保障后期养分供应，具有“削峰填谷”的效果，显著提高了肥料利用率，大大降低了环境污染风险。

目前，北京地区应用较为广泛的是包膜尿素缓释掺混肥料，即缓释尿素、普通尿素、磷肥、钾肥按配比掺混的肥料。缓释肥料总养分不低于45%，缓释氮的比例不低于8%，氮缓释期不低于60天。推荐选用的缓释肥料配方26-9-10或25-10-10或28-7-9（$N:P_2O_5:K_2O$）等相近配方。

4.2 缓释肥用量

缓释肥料采用种肥同播技术作为基肥一次性底施，后期一般不再追肥，推荐一次性底施缓释肥40~45千克/亩。

5 农机设备

缓释肥一次性底施需配备专用的玉米种肥同播机具。

6　种肥同播方法

6.1　播种时间

夏播青贮玉米在前茬小麦后要抢时播种，适宜播种期一般在 6 月 18—23 日。

6.2　整地要求

免耕或麦茬直播。即麦收时麦秸直接粉碎还田，麦秸粉碎长度不宜超过 10 厘米，粉碎效果差的地块须进行 2 次粉碎。播前要将麦秸铺散均匀，不成堆、不成垄，以免影响播种质量。或者前茬作物收获后，及早进行灭茬耕翻，耕翻深度在 25～28 厘米以上，并及时镇压耙耱。

6.3　调整设备

播种前需要调节种子和肥料下料斗的深度。种子下料斗深度以 3～5 厘米为宜。肥料下料斗深度 10 厘米左右。种子下料斗和肥料下料斗之间距离 7～10 厘米，确保肥料在种子的侧下方 7～10 厘米，防止种肥距离过近造成烧苗。调节好种子和肥料下料管的深度和距离后，将玉米种子和缓释肥料分别装入种子斗和肥料斗。

6.4　机械播施

使用玉米种肥同播机将装好的种子和缓释肥一次性播入土壤，并自动覆土。在播种的过程中，需要随时观察下种下肥的情况，防止漏种漏肥。玉米种子的覆土厚度为 3～5 厘米。若有覆土不严的情况，需要人工盖土，防止种子不出苗。

7　田间管理

7.1　间苗、定苗

出苗后应及时查苗补苗，3 叶期间苗，5 叶期定苗。留苗密度以每亩 4 500～6 000 株为宜。

7.2 水分管理

一般情况下，全生育期雨养为主。若遇偏旱年份，播种后需要适当灌水，以保证底墒充足和一次播种拿全苗。加强苗期、抽雄期和灌浆期玉米生长发育关键时期的管理，如遇干旱需及时灌溉补水，若降雨过多，则应及时排水防涝。

8 病虫害绿色防控

8.1 田园清洁

彻底清除生产基地或园区内各种植株残体和生产废弃包装物，清除杂草，集中进行无害处理。

8.2 苗前“一封两杀”

根据土壤墒情科学选择杂草防除方式。如夏玉米播种后降雨较多，土壤墒情好，推荐封闭除草；如降雨较少，土壤墒情差，推荐茎叶除草。封闭处理可选用40%乙·莠悬浮剂300毫升/亩或40%异丙草·莠悬浮剂200毫升/亩；茎叶处理可选用4%烟嘧磺隆油悬浮剂40毫升/亩+38%莠去津悬浮剂70毫升/亩。

当黏虫达到防治指标时，可结合玉米播后苗前除草进行防治，即开展“一封两杀”。黏虫等鳞翅目害虫可选用4.5%高效氯氰菊酯乳油、48%毒死蜱乳油防治。苗期蓟马可选用10%吡虫啉可湿性粉剂、1.8%阿维菌素乳油或25%噻虫嗪水分散粒剂防治。

8.3 赤眼蜂防治玉米螟

在玉米螟产卵初盛期释放松毛虫赤眼蜂，每亩1个放蜂点，每亩放蜂1万头，防治玉米螟，兼治棉铃虫、桃蛀螟等钻蛀性害虫。在距地边13米设为第一放蜂行，之后每隔26米设一放蜂行；每放蜂行的第一放蜂点距地头13米，以后每隔26米设一放蜂点。放蜂时将蜂卡别在玉米中上部叶片基部背面，注意防止阳光直射和雨水直接冲刷，最小防治面积在100亩以上。

8.4 科学用药

甜菜夜蛾、褐足角胸叶甲等偶发性害虫，达到防治指标时可优先选用高效低毒农药甲氨基阿维菌素苯甲酸盐、阿维菌素、除虫脲等农药进行防治。

9 收获

青贮玉米适期收获非常重要，一般在玉米乳熟末期至蜡熟初期，乳线处于籽粒顶部起往下达 1/2～2/3，干物质含量在 30%～35%时收获，此时营养物质和生物学产量最高。

附录 B-2　冬小麦减肥减药技术规程

冬小麦是禾本科作物，根系发达，对水热要求不高，耐寒、耐旱，适应性强。高产、优质冬小麦宜选择地力高、水浇条件好的地块，要增施有机肥，采用配方施肥技术。

该规程适用于北京地区冬小麦生产。

1　生育周期

冬小麦 10 月上旬播种，11 月冬前分蘖。翌年 2 月下旬返青，3 月中旬起身，4 月上旬拔节，下旬抽穗至开花。5 月灌浆，6 月上旬或中旬收获，全生育期 230~270 天。

2　养分需求

小麦全生育周期吸收的氮素最多，钾次之，磷较少，一般每生产 100 千克籽粒大约需要氮（N）3.0 千克，需要磷（P_2O_5）1.0~1.5 千克，需要钾（K_2O）2.0~4.0 千克，N：P_2O_5：K_2O 为 1：0.5：（0.67~1.33）。小麦对氮磷的吸收量和利用率变幅较小，对钾的吸收量和变幅较大。小麦返青前生长缓慢，对氮、磷、钾的需求量较少，从拔节到开花期是小麦新陈代谢最旺盛的时期，对氮、磷、钾的需求量较高。小麦不同时期对氮、磷、钾的需求如表 B-2-1 所示。

表 B-2-1　小麦不同生育期氮、磷、钾吸收占整个生育期养分吸收的比例

养分	各生育期养分吸收比例（%）	
	播种—返青	拔节—收获
氮	17	83
磷	11	89
钾	10	90

3 选种拌种

建议选择丰产性好，抗逆性强的品种，如中麦 175、轮选 987、中农 16、京 411 等。须从正规农资公司采购。选择大粒、饱满、健康良种。播种前对种子进行晒种，促进种子后熟，提高发芽率。每 50 千克小麦种子用 50%辛硫磷 100 毫升，加水 2.5~3.0 千克，拌种，闷 3~4 小时。

4 整地

整地做到深、细、透、实、平。深耕 25~33 厘米，深耕后把土块耙碎、耙细、耙透，保证没有明暗坷垃，麦田均匀一致。

5 播种

日平均温度 17℃左右播种，一般控制在 10 月 2—12 日，播深 3~5 厘米，播种量 10~15 千克/亩，基本苗 14 万~22 万株/亩，播后及时镇压；出苗后及时查苗，发现缺苗断垄应及时补种，确保全苗；田边地头要种满种严。

6 施肥

6.1 技术要点

6.1.1 提倡秸秆还田和施用有机肥。加大秸秆还田力度，提倡底肥增施腐熟粪肥、商品有机肥等有机肥料，提高土壤保水保肥能力，提升土壤微生物的活力，并可部分替代化肥。

6.1.2 底肥、追肥、叶面施肥配合。底肥建议施用高磷复合肥，可减轻冻害。返青后根据苗情长势和冬春季冻害发生情况，分次施用氮肥，适当增加拔节中后期的施用比例。在小麦生长后期可以喷施磷酸二氢钾、芸苔素内酯等叶面肥，预防干热风和倒伏，提高灌浆强度，增加粒重。

6.1.3 促控结合。抓住小麦返青拔节的关键时机，及时采取促控措施，促进弱苗转化，提高成穗率；控制旺长田块，预防后期贪青倒伏。

6.1.4 提倡采用喷灌施肥方式。根据土壤墒情和保水、保肥能力，合理确定灌水量和时间，将氮肥通过喷灌方式施入农田，做到水肥管理一体化，节肥节水、省工省力。

6.2 基追结合施肥建议

推荐底施小麦专用配方肥，配比为 $N:P_2O_5:K_2O=16:21:8$ 或者相近配方。小麦拔节期（3 月底至 4 月初）追施尿素 1 次。

6.2.1 底肥

产量 350~400 千克/亩，推荐底施配方肥 30~35 千克/亩；产量 300~350 千克/亩，推荐底施配方肥 25~30 千克/亩。

6.2.2 追肥

6.2.2.1 返青前每亩总茎数小于 45 万株，叶色较淡、长势较差的三类麦田，应以促为主，追肥越早越好，春季追肥可分两次进行。第一次在返青期，随浇水每亩追施尿素 5~8 千克；第二次在拔节期，随浇水每亩追施尿素 8~10 千克。

6.2.2.2 返青前每亩总茎数在 45 万~60 万株，群体偏小的二类麦田，在小麦起身期结合浇水每亩追施尿素 12~15 千克。

6.2.2.3 返青前每亩总茎数在 60 万~80 万株，群体适宜的一类麦田，可在拔节期结合浇水每亩追施尿素 10~12 千克。

6.2.2.4 返青前每亩总茎数大于 80 万株、叶色浓绿、有旺长趋势的麦田，应以控为主，应在返青期采取中耕镇压，推迟氮肥施用时间并减少氮肥用量，控旺促壮，预防倒伏和贪青晚熟。一般可在拔节后期每亩追施尿素 8~10 千克。

6.2.2.5 对越冬期冻害严重的要在返青时及早追施尿素 5~10 千克/亩并浇水，促进小麦早分蘖、提高分蘖成穗率、减轻冻害的损失。

7　田间管理

7.1　水分管理

根据冬前降水情况和土壤墒情决定是否灌冻水；需灌冻水时，一般要求在昼消夜冻时灌冻水，时间约在 11 月 25—30 日。一般不浇返青水。起身期不浇水，蹲苗控节。拔节期浇水，促进大蘖成穗。开花灌浆期间浇水。

7.2　镇压保墒

冬季适时镇压，弥实地表裂缝，防止寒风飕根，保墒防冻。

7.3　中耕

返青期中耕松土，提高地温，镇压保墒。

8　病虫草害防治

在小麦拔节期前（4 月上旬）为一年生杂草防治适期，越年生杂草密度较高的麦田防治适期应适当提前，以当年生杂草为主的麦田防治适期可以适当后延。每亩可用 10%苯磺隆可湿性粉剂 10 克或 75%苯磺隆水分散粒剂 1 克，兑水 30 千克均匀喷雾除杂草。

小麦开花灌浆期间，如百株蚜量达到 500 头，在上午 10 时前或下午 5 时后田间无露水时亩用 15%三唑酮可湿性粉剂 50 克+99%磷酸二氢钾 40～60 克+25%吡蚜酮悬浮剂 20 克兑水喷雾，及时防治蚜虫、吸浆虫和锈病。

9　收获

适时收获，防止穗发芽，避开烂场雨，确保丰产丰收，颗粒归仓。

附录 B-3　设施番茄减肥减药技术规程

番茄是喜光蔬菜，对光照长度和强度要求较高。喜温而不耐低温，生育期的适宜温度范围为 10～33℃，地温 18～23℃。低于 15℃，不能开花；低于 10℃，停止生长；高于 35℃，生长停止，易早衰。属半耐旱作物，适宜的空气相对湿度为 50%～65%。幼苗期适宜的土壤相对湿度为 65%～75%，结果期为 75%～85%。对土壤通气条件要求严格，含有机质多、土层深厚、疏松肥沃和排水良好的砂质土壤最好，pH 值 6～7 为宜。生育周期大致分为发芽期、幼苗期、开花着果期和结果期，生长周期一般 110～200 天。

本规程适用于北京地区冬春茬设施普通番茄（樱桃番茄除外）生产。

1　茬口安排

12 月下旬至翌年 1 月上旬育苗，2 月中下旬定植，5 月至 7 月初拉秧。

2　品种选择与播种

2.1　品种选择

2.1.1　种子质量符合 GB 16715《瓜菜作物种子》要求。

2.1.2　宜选择抗病、优质、高产、耐贮运、商品性好、性状稳定、适合市场需求的品种。如佳粉系列、毛粉系列、中杂系列、京采系列、原味一号等。普通番茄选择耐低温弱光、连续结果性强、品质好、坐果率高的品种，如普罗旺斯、合作 928、绝粉 702、中研 988、金棚 1 号等；针对番茄黄化曲叶病毒病，可选用京彩 8、京番 309、金棚 11 号、红贝贝等；针对番茄根结线虫病，可选用京番 308、京番 309、仙客 5 号、仙客 8 号等；鲜食水果番茄可选用果肉软、多汁、风味浓郁、酸甜适宜的原味一号、京番 308 等品种。抗性砧木可选择京欣砧 3 号、茄砧 1 号、果砧 1 号等。

2.2 播种量

栽培田用种 20~30 克/亩，苗床用种 5~6 克/米²。穴盘育苗，每穴孔播种 1 粒。

2.3 播种方法

种子用 52℃温水浸种 30 分钟。播种前催芽，当 70%以上的种子出芽即可播种。播种前苗床浇足底水，水渗下后用营养土薄撒一层，找平床面，均匀撒播。播后覆营养土 0.8~1.0 厘米。

3 苗期管理

3.1 温度

苗期温度管理指标见表 B-3-1。

表 B-3-1 苗期温度管理指标 （单位:℃）

时期	昼温	夜温	短时间最低夜温
播种—齐苗	25~30	15~18	13
齐苗—分苗前	20~25	10~15	8
分苗—缓苗	25~30	15~20	10
缓苗后—定植前	20~25	12~16	8

3.2 水分

分苗水要浇足，以后视墒情适当浇水。

3.3 分苗

幼苗 2 叶 1 心时，分苗于育苗畦、营养方或营养钵内。

3.4 壮苗指标

株高 20~25 厘米，茎粗 0.6 厘米以上，现大蕾，叶色浓绿，无病虫害。

4 定植

4.1 定植前的准备

4.1.1 取土化验

建议上茬作物拉秧后及时取样。采用“S”形布点采样，随机选5个点，采样深度为0~20厘米，每个样品取5个点混合而成，测定土壤有效磷、速效钾、pH值、EC值等基础理化指标。

4.1.2 整地

深耕30厘米以上，达到地面平整、没有明暗坷垃的标准。小高畦采用滴灌，畦面宽80厘米，畦沟宽60 ~ 70厘米，畦面高出地面15 ~ 20厘米。瓦垄畦采用膜下暗灌，大行距80厘米，小行距50厘米，垄高15 ~ 20厘米，作畦后覆盖地膜。

4.2 定植时间与密度

地温稳定在10℃后定植。采用大小行栽培，定植密度一般为3 000~3 500株/亩。每畦双行，株距25~35厘米。

5 田间管理

5.1 环境调控

5.1.1 温度

生长期温度管理指标见表B-3-2。

表B-3-2 番茄定植后温度管理指标

时期	温度控制
缓苗期	白天：22~28℃；夜间：≥15℃
开花坐果期	白天：20~25℃；夜间：≥10℃
结果期	上午8时至下午5时：22~26℃ 下午5时至晚上10时：13~15℃ 晚上10时至翌日上午8时：7~13℃

5.1.2 增加光照

采用透光性好的功能膜，经常保持膜面清洁，白天揭开保温覆盖物，室内后部挂反光幕，增加光照强度和时间。

5.1.3 空气湿度

根据番茄不同生育阶段对湿度的要求和控制病害的需要，最佳空气相对湿度的调控指标是缓苗期 80%~90%、开花坐果期 60%~70%、结果期 50%~60%。

5.2 肥水管理

5.2.1 施肥原则

使用肥料应符合 NY/T 496《肥料合理使用准则 通则》的规定。禁止使用未经国家或省级农业部门登记的化肥和生物肥料，以及重金属含量超标的有机肥和矿质肥。

5.2.2 养分需求量

每生产 1 000 千克番茄需要的养分是氮（N）2.1~3.4 千克，磷（P）0.28~0.45 千克，钾（K）3.11~4.40 千克。果实开始膨大至成熟采收，是养分需求旺盛时期，其间的养分吸收量占整个生育期养分需求量的 80%以上。

5.2.3 氮总量控制

冬春茬番茄的目标产量为 6 000~8 000 千克/亩。根据作物产量水平确定氮素目标供应值，在考虑有机肥养分供应的情况下，确定追施氮素推荐量。

5.2.4 磷钾衡量监控

磷钾施肥量根据土壤中的磷钾含量进行校正。土壤磷钾含量在极低、低、中、高、极高肥力水平下推荐分别按照作物磷钾带走量的 2 倍、1.5 倍、1 倍、0.5 倍、0 倍施用。设施番茄土壤磷素和钾素供应丰缺指标见表 B-3-3。

表 B-3-3 设施番茄土壤磷钾丰缺指标

（单位：毫克/千克）

作物	对比项	养分丰缺指标				
		极低	低	中	高	极高
番茄	有效磷	＜80	80~100	100~150	150~200	＞200
	速效钾	0~70	70~100	100~180	180~300	＞300

5.2.5 施肥技术

5.2.5.1 底肥选择与用量推荐。新菜田可施用 8~10 米^3/亩粗杂有机肥，或 4~5 米^3/亩粪肥（禽类粪肥），或商品有机肥 800~1 000千克/亩，搭配化肥 10~15 千克/亩（尽量选用低磷化肥品种）；老菜田选用含秸秆丰富，经过堆沤发酵的粪肥 3~4 米^3/亩（畜类粪肥或畜禽掺混类粪肥），或商品有机肥 400~500 千克/亩，老菜田底肥可不施用化肥。

5.2.5.2 土壤障碍。存在重茬、次生盐渍化、酸化等障碍的土壤，定植后，将抗重茬剂（绿康威）随水施用，亩施 4 千克，连续 2~3 次；或定植前，在地表喷施 30 千克/亩禾康土壤调理剂，或有条件的可进行一次大水洗盐，或施用生石灰。有些连作障碍严重的老菜田采用秸秆生物反应堆技术效果很好。

5.2.5.3 追肥选择。根据作物生育期的需肥特点，按照平衡施肥的原则，分阶段合理施肥。选用含氨基酸、腐植酸、海藻酸等具有促根抗逆作用的功能型完全水溶性肥料或无磷水溶肥。

5.2.5.4 追肥用量推荐。追肥用量推荐见表 B-3-4。

表 B-3-4　番茄各生育期推荐追肥量

生育期	肥料	推荐用量
定植至开花期	高氮型滴灌专用肥（如 $N-P_2O_5-K_2O$ 为 16-20-14、22-12-16 或 30-10-10），或氮磷钾配方相近的完全水溶性肥料	4~6 千克/（次·亩），定植后 7~10 天一次；温度较高季节 7 天左右一次，温度较低季节 15 天左右一次
开花至拉秧期	高钾型滴灌专用肥（如 $N-P_2O_5-K_2O$ 为 15-4-31、17-7-26 或 18-3-29），或氮磷钾配方相近的完全水溶性肥料	7.5~10.0 千克/（次·亩）；温度较高季节 10 天左右一次，温度较低季节 15 天左右一次

5.2.5.5　中微量元素。番茄对钙、镁、硼元素比较敏感，缺钙易导致脐腐病，缺镁易形成叶肉黄斑化，缺硼易导致宽带式叶缘黄化症。

按照“因缺补缺”原则，可进行追施或叶面喷施或基施，钙肥从花朵形成开始以叶面喷施方式补充，每次间隔 15 天，生育期喷施 4 次；硼素补充可基施 1.0~1.5 千克/亩硼砂，或在花蕾期、花期和幼果期叶面喷施硼肥 2~3 次；镁素补充可在开花期到果实膨大前叶面喷施镁肥 2~3 次，也可基施 2~3 千克/亩硫酸镁。

5.2.5.6　水分管理。选择适宜的滴灌设备、施肥设备、储水设施、水质净化设施等，重点应用膜下滴灌技术。定植存活后，及时浇水，5~7 天后浇缓苗水，灌水不宜过多，宜保持畦土湿润稍干为宜。畦沟内不可有积水，防止忽干忽湿。开花坐果前期，控制浇水，在果实膨大期，必须均匀浇小水，满足生长需求，不可大水漫灌，容易造成裂果。冬春季不浇明水，土壤相对湿度保持 60%~70%。番茄在苗期、开花坐果期、盛果期分别保持土壤含水量为 75%~90%、80%~95%和 75%~85%，调节滴灌水量和次数，一般每亩每次滴灌量为 5~6 米^3，使作物在不同生育期阶段获得最佳需水量。

5.3 植株调整

5.3.1 插架或吊蔓

当植株长到10~12片真叶时及时用银灰色的尼龙绳吊蔓。吊蔓下端起始于第一穗花序的下一节位置，活扣为宜。

5.3.2 整枝方法

番茄的整枝方法有，单秆整枝、一秆半整枝和双秆整枝3种，根据栽培密度和目的选择适宜的整枝方法。第一侧枝长到6~8厘米时再摘去，以后见到侧枝及早摘除。早熟品种采用双秆整枝。中熟品种采用改良式单秆整枝。选晴天通风时掰去侧枝，尽量避免接触主秆。

5.3.3 摘心、打底叶

当最上部的目标果穗开花时，在果穗上留2~3片叶后摘心。早熟品种留3~4穗果后摘心。中熟品种留4~10穗果后摘心。第一穗果绿熟期后，摘除其下全部叶片，及时摘除枯黄有病斑的叶子和老叶。

5.4 保果疏果

5.4.1 保果

在花期采用熊蜂或人工辅助授粉。为了防止落花，增加产量，尽量采取自然授粉方式，结出有籽果实。在番茄开花时在棚内释放熊蜂辅助授粉，也可采用震荡授粉器震荡辅助授粉。普通产品可采用丰产剂二号或果霉宁等生长调节剂来帮助坐果，必须配制适宜的浓度来蘸花或涂花，注意不要让药液碰到叶片。另外，温度低时浓度高，温度高时浓度低。

5.4.2 疏果

结果期适当疏果，大果型品种每穗选留3~4个果；中果型品种每穗选留4~5个果。

5.5　收获

产品达到商品要求后及时采收。

5.6　清洁田园

上茬收获后，将残株和杂草及时清理干净，集中进行无害化处理，保持田园清洁。

6　病虫害防治

6.1　无病虫育苗技术

6.1.1　苗棚表面消毒

可采用日光高温闷棚或者药剂处理。

6.1.1.1　日光高温闷棚。夏季可使用日光高温闷棚消毒，确保棚内温度达到 55℃以上，闷棚 4~5 天。

6.1.1.2　药剂处理。在育苗前清除棚内杂草和植株残体。根据病虫发生情况选用杀虫剂和杀菌剂处理棚室表面。推荐使用熏蒸性药剂或烟剂，消毒效果好，如 20%异硫氰酸烯丙酯（辣根素）水乳剂 1 升/亩熏蒸处理，或硫黄粉 500 克/亩和 30%敌敌畏烟剂 300 克/亩，或 15%腐霉·百菌清烟剂 200 克/亩配合熏蒸处理等。如无熏蒸性药剂，也可用其他剂型药剂均匀喷洒棚室土壤、墙壁、棚膜、缓冲间（耳房）等棚室表面。

6.1.2　色板技术

应在出苗后悬挂黄板诱杀蚜虫、粉虱、斑潜蝇等害虫，悬挂蓝板诱杀蓟马等害虫。悬挂色板高度高出蔬菜顶部叶片 5 厘米，每亩挂设 25 厘米×30 厘米色板 30 块，或 30 厘米×40 厘米色板 20 块。

6.1.3　防虫网技术

在育苗棚室的门口和通风口分别设置 40~50 目防虫网，将出入口、风口完全覆盖，以阻隔害虫传入。必须在棚室消毒和育苗前设置，不能等害虫进入后再设置。预防番茄黄化曲叶病毒病时建议使用 50 目防虫网。

6.1.4 消毒垫（池）技术

对进出棚室的人员鞋底进行消毒处理，避免由于人为进出棚室传播根结线虫病、枯萎病、根腐病、疫病等土传病害。推荐在棚室入口处设置消毒池或放置浸有消毒液的消毒垫，消毒液可选用双链季铵盐类、含氯消毒剂等，定期补充。也可选用生石灰消毒，推荐用量 100~105 克/米^2，撒施范围不少于 80 厘米×60 厘米。

6.2 定植前棚室表面消毒和土壤消毒技术

6.2.1 定植前棚室表面消毒

可采用日光高温闷棚或者药剂处理。具体方法参照 6.1.1。

6.2.2 定植前棚室土壤消毒

主要方法有太阳能高温消毒、生物或化学熏蒸消毒、针对性药剂处理等。

6.2.2.1 太阳能高温消毒。在 7—8 月设施种植的空茬期，深翻土壤 30~40 厘米，每亩加入碎玉米秸 300~500 千克、生鸡粪或生牛粪 4 米^3，与土壤翻耕均匀，浇透水，之后地表覆透明塑料膜，四周压实，视天气情况密闭闷棚 30~45 天。

6.2.2.2 生物或化学熏蒸消毒。使用 20%异硫氰酸烯丙酯（辣根素）、棉隆、威百亩等生物或化学药剂熏蒸处理土壤。如异硫氰酸烯丙酯（辣根素）熏蒸处理，在定植前 2 周，在整好地的土壤表面铺滴灌管，密闭覆盖地膜，每亩用 20%异硫氰酸烯丙酯（辣根素）水乳剂 4~6 升，随水将异硫氰酸烯丙酯（辣根素）溶液均匀滴入土壤耕作层，密闭熏蒸 3~5 天后揭膜散气 5 天以上。

6.2.2.3 针对性药剂处理。针对枯萎病、疫病、根结线虫等单一土传病害可选择针对性药剂处理，如防治根结线虫可选用 5 亿活孢子/克淡紫拟青霉、41.7%氟吡菌酰胺悬浮剂等药剂处理，防治枯萎病可选用 300 亿芽孢/毫升枯草芽孢杆菌、10 亿 CFU/克多黏类芽孢杆菌、0.1%噁霉灵颗粒剂等药剂处理。使用方法可采用穴施、定植时灌根等。

6.3　生长期综合防控技术

6.3.1　遮阳网防病技术

为预防病毒病和生理性病害，在高温季节可采用遮阳网技术。生产上通常使用三针的黑色遮阳网，透光率在 60%左右。

6.3.2　防虫网阻隔防虫技术

定植前在棚室出入口处和通风口完全覆盖防虫网，可有效控制各类害虫进入棚室内部。蝶类、蛾类害虫选择 20～30 目，粉虱、蚜虫、斑潜蝇等害虫选择 40～50 目。

6.3.3　色板诱杀害虫技术

在定植后分别挂设 3 块/亩黄板和蓝板，用于监测害虫发生动态。害虫发生后，挂设 25 厘米×30 厘米色板 30 块/亩，或 30 厘米×40 厘米色板 20 块/亩。色板下缘应高出蔬菜顶部 10～20 厘米。

6.3.4　消毒垫（池）防病技术

参照 6.1.4。

6.3.5　节水灌溉防病技术

推荐使用滴灌、膜下暗灌等水肥一体化节水灌溉措施，减少用水量、减少水分蒸发，有效降低空气湿度，减少植株表面结露，延缓和预防病害发生，减轻病害发生程度。

6.3.6　硫黄熏蒸防病技术

硫黄熏蒸技术主要用于番茄白粉病的预防。一般配合电热式硫黄熏蒸器使用，温室内每亩均匀放置 6～8 个熏蒸器，高度距离地面 1.5 米，并在熏蒸器上方 80 厘米设置防护罩，以免棚膜受损。每次硫黄用量 20～40 克，硫黄投放量不超过钵体的 2/3，以免沸腾溢出。使用时间推荐在晚上 6—10 时，保持棚室密闭至少 5 小时，次日及时进行通风换气。

6.3.7 天敌控虫技术

6.3.7.1 在蚜虫发生初期（点片阶段），在田间释放异色瓢虫，瓢虫与蚜虫的比例为 1：(30～60)，每亩放置 70～100 个卵卡或 500～1 000头成虫，整个生长季释放 3 次。

6.3.7.2 在粉虱发生初期，将释放丽蚜小蜂的蜂卡挂在植株中上部分的分枝上，每次释放 1 000头/亩，若平均每棵植株出现 1～5 头粉虱，每次释放 2 000～3 500头/亩，需连续释放 4～5 次，间隔 7～10 天释放一次。

6.3.7.3 在蓟马发生初期释放小花蝽，按照小花蝽与蓟马比例 1：(20～30)，均匀释放。

6.3.7.4 在红蜘蛛发生早期（密度为每片叶 1～2 头），按照益害比 1：20 淹没式释放，每亩 2～3 瓶；2 周后重复释放一次，叶螨为害严重时（密度为每片叶 1 000头），按 60 头/株释放。

6.3.7.5 在茶黄螨发生初期（密度为每片叶 1～2 头），每亩释放巴氏新小绥螨 70～100 袋/亩（活动态巴氏新小绥螨 200 只/袋），整个生长季释放 2～3 次。

6.3.8 熊蜂授粉技术

5%的番茄植株开花后熊蜂入棚，尽量傍晚入棚，蜂箱口朝南，蜂箱位置和放置方向不可随意移动，以免造成迷巢死亡。熊蜂适宜温度在 12～30℃，湿度在 50%～80%。应用熊蜂授粉时应严格控制农药使用，禁止使用吡虫啉、噻虫嗪、高效氟氯氰菊酯等对熊蜂高毒、持效期长的农药，优先采用物理、生态、生物等非药剂方式控制病虫，如确需使用农药应选择枯草芽孢杆菌、苦参碱、氟啶虫酰胺等对熊蜂风险性小的农药种类，施药时将蜂箱搬出棚室，安全间隔期过后再搬回棚室。

6.4　科学用药技术

6.4.1　农药防控技术

6.4.1.1　灰霉病防控，在发病前至发病初期，可使用5%香芹酚可溶液剂 100～120 毫升/亩、2 亿孢子/克木霉菌水分散粒剂 100～125 克/亩、100 亿孢子/克枯草芽孢杆菌可湿性粉剂 100～120 克/亩和 45%异菌・氟啶胺悬浮剂 45～50 毫升/亩，兑水均匀喷雾，视病情隔 7～10 天喷一次。

6.4.1.2　防治根结线虫病可于番茄移栽前，选用 10 亿活孢子/克淡紫拟青霉颗粒剂 1.5～2.5 千克/亩沟施（施药深度为 20 厘米左右），或是在移栽当天选用 41.7%氟吡菌酰胺悬浮剂 0.024～0.030 毫升/株兑水灌根，每株用药液量 400 毫升。也可在番茄根结线虫发病前或发病初期，选用 10 亿 CFU/毫升蜡质芽孢杆菌悬浮剂 4～7 升/亩灌根。

6.4.1.3　防治烟粉虱，喷施 95%矿物油乳油 400～500 毫升/亩、40%螺虫乙酯悬浮剂 12～18 毫升/亩、10%溴氰虫酰胺可分散油悬浮剂 33.3～40 毫升/亩和 5%高氯・啶虫脒可湿性粉剂 25～40 克/亩。

6.4.2　高效施药技术

优先选用常温烟雾施药机、弥雾机、弥粉机、静电喷雾器等精准高效施药器械施药，提高农药利用率和防治效果，减少农药对环境的污染。

6.5　产后植株残体处理技术

各园区可利用已有的沼气发酵站等设备进行处理，或是采用蔬菜秸秆直接还田消毒、生物秸秆反应堆、蔬菜秸秆蚯蚓处理、蔬菜秸秆常规堆肥、纳米膜智能发酵等技术进行处理。详见附录 A-4。

附录 B-4　设施甜椒减肥减药技术规程

甜椒喜温暖，怕酷热，不耐霜冻。幼苗生长适宜气温为白天25~30℃，夜晚20~25℃，地温17~22℃。开花结果初期，白天适宜的气温为20~25℃，夜晚16~20℃。温度低于15℃，影响授粉；低于10℃或高于35℃，开花授粉不良易造成落花落果。果实的转色要求25℃以上。对土壤的要求不是很严格，一般以肥沃、富含有机质、保水保肥、排水良好、透气性好、土层深厚的砂壤土为宜。

本规程适用于北京地区冬春茬设施甜椒（彩椒除外）生产。

1　茬口安排

12月下旬至1月上旬育苗，2月中下旬定植，5月至7月初拉秧。

2　品种选择与播种

2.1　品种选择

2.1.1　种子质量符合 GB 16715《瓜菜作物种子》要求。

2.1.2　宜选择抗病、优质、高产、耐贮运、商品性好、性状稳定、适合市场需求的品种，如甜杂系列、中椒系列的品种。

2.2　播种量

根据定植密度及种子大小，用种量50克/亩。

2.3　播种方法

种子用52℃温水浸种30分钟。催芽种子70%以上露白时播种，播种前苗床浇足底水，水渗下后薄撒一层营养土，找平床面，均匀撒播。播后覆营养土0.8~1.0厘米。冬春床面上覆盖地膜，夏秋育苗床面覆盖遮阳网或稻草，70%幼苗顶土时撤除遮阳网或稻草。

3　苗期管理

3.1　温度

苗期温度管理指标见表 B-4-1。

表 B-4-1　设施甜椒苗期温度管理指标　　（单位：℃）

时期	昼温	夜温
播种—齐苗	25~30	18~20
齐苗—定植前	25~28	15~17
定植前 5~7 天	15~20	10~12

3.2　水分

分苗水要浇足，以后视育苗季节和墒情适当浇水。

3.3　壮苗指标

幼苗生长整齐，根白且粗壮，须根多，节间较短，株高 18~20 厘米，叶片 8~10 片，叶肥厚，叶色浓绿，无病虫害。

4　定植

4.1　定植前的准备

4.1.1　取土化验

在日光温室内采用“S”形布点采样，随机选 5 个点，采样深度为 0~20 厘米，每个样品取 5 个点混合而成，测定土壤有效磷、速效钾、pH 值、EC 值等基础理化指标。

4.1.2　整地

深耕 30 厘米以上，达到地面平整、没有明暗坷垃的标准。做成畦面宽 80 厘米，畦沟宽 60~70 厘米的高畦，畦面高出地面 15~20 厘米。

4.2　定植密度

一般为 3 500~4 000 株/亩。

5　田间管理

5.1　环境调控

5.1.1　温度

生长期温度管理指标见表 B-4-2。

表 B-4-2　甜椒定植后温度管理指标　　（单位：℃）

时期	昼温	夜温	地温
缓苗期	28～35	18～20	＞15
开花坐果期	25～32	15～20	＞15
结果期	25～30	13～18	＞15

5.1.2　增加光照

设施生产过程中需要足够的光照，需定时清扫棚膜，提高透光率，或人工补光。

5.1.3　空气湿度

生长期间适宜的空气相对湿度为 60%～80%，一般通过浇水和放风等措施来调节。

5.2　肥水管理

5.2.1　施肥原则

使用肥料应符合 NY/T 496《肥料合理使用准则　通则》的规定。禁止使用未经国家或省级农业部门登记的化肥和生物肥料，以及重金属含量超标的有机肥和矿质肥。

5.2.2　养分需求规律

每生产 1 000 千克甜椒需要的养分是氮（N）3.5～5.5 千克，磷（P）0.3～0.6 千克，钾（K）4.6～6.0 千克。果实开始膨大至成熟采收，是养分需求旺盛时期，其间的养分吸收量占整个生育期养分需求量的 80%以上。

5.2.3　氮总量控制

冬春茬甜椒的目标产量为 4 000～5 000 千克/亩。根据作物产量水平确定氮素目标供应值，在考虑有机肥养分供应的情况下，确定追施氮素推荐量。

5.2.4　磷钾衡量监控

磷钾施肥量根据土壤中的磷钾含量进行校正。土壤磷钾含量在极低、低、中、高、极高肥力水平下推荐分别按照作物磷钾带走量的 2 倍、1.5 倍、1 倍、0.5 倍、0 倍施用。设施甜椒土壤磷素和钾素供应丰缺指标见表 B-4-3。

表 B-4-3　设施甜椒土壤磷钾丰缺指标

（单位：毫克/千克）

作物	对比项	养分丰缺指标				
		极低	低	中	高	极高
甜椒	有效磷	＜50	50～100	100～150	150～200	＞200
	速效钾	0～70	70～100	100～180	180～300	＞300

5.2.5　施肥技术

5.2.5.1　底肥选择与用量推荐。新菜田可施用 8～10 米^3/亩粗杂有机肥，或 4～5 米^3/亩粪肥（禽类粪肥），或商品有机肥 800～1 000千克/亩，搭配化肥 10～15 千克/亩（尽量选用低磷化肥品种）；老菜田选用含秸秆丰富，经过堆沤发酵的粪肥 3～4 米^3/亩（畜类粪肥或畜禽掺混类粪肥），或商品有机肥 400～500 千克/亩，老菜田底肥可不施用化肥。

5.2.5.2　土壤障碍。存在重茬、次生盐渍化、酸化等障碍的土壤，定植后，将抗重茬剂（绿康威）随水施用，亩施 4 千克，连续 2～3 次；或定植前，在地表喷施 30 千克/亩禾康土壤调理剂，或有条件的可进行一次大水洗盐，或施用生石灰。有些连作障碍严重的老菜田采用秸秆生物反应堆技术效果很好。

5.2.5.3 追肥选择。根据作物生育期的需肥特点，按照平衡施肥的原则，分阶段合理施肥。选用含氨基酸、腐植酸、海藻酸等具有促根抗逆作用的功能型完全水溶性肥料或无磷水溶肥。

5.2.5.4 追肥用量推荐。追肥用量推荐见表 B-4-4。

表 B-4-4　甜椒各生育期推荐追肥量

生育期	肥料	推荐用量
定植至开花期	高氮型滴灌专用肥（如 N-P_2O_5-K_2O 为 16-20-14、22-12-16 或 30-10-10），或氮磷钾配方相近的完全水溶性肥料	4~6 千克/（次·亩），定植后 7~10 天一次；温度较高季节 7 天左右一次；温度较低季节 15 天左右一次
开花至拉秧期	高钾型滴灌专用肥（如 N-P_2O_5-K_2O 为 17-5-28、19-8-23 或 20-3-27），或配方相近的水溶性肥料	7.5~10 千克/（次·亩）；温度较高季节 10 天左右一次，温度较低季节 15 天左右一次

5.2.5.5 中微量元素。甜椒对钙、镁、硼元素比较敏感，缺钙易导致脐腐病，缺镁易形成叶肉黄斑化，缺硼易导致宽带式叶缘黄化症。

按照“因缺补缺”原则，可进行追施或叶面喷施或基施，钙肥从花朵形成开始以叶面喷施方式补充，每次间隔 15 天，生育期喷施 4 次；硼素补充可基施 1.0~1.5 千克/亩硼砂，或在花蕾期、花期和幼果期叶面喷施硼肥 2~3 次；镁素补充可在开花期到果实膨大前叶面喷施镁肥 2~3 次，也可基施硫酸镁 2~3 千克/亩。

5.2.5.6 水分管理。选择适宜的滴灌设备、施肥设备、储水设施、水质净化设施等，重点应用膜下滴灌技术。定植存活后，及时浇水，5~7 天后浇缓苗水，灌水不宜过多，宜保持畦土湿润稍干为宜。畦沟内不可有积水，防止忽干忽湿。开花坐果前期，控制浇水，在果实膨大期，必须均匀浇小水，满足生长需求，不可大水漫灌，容易造成裂果。冬春季不浇明水，土壤相对湿度保持 60%~70%。

5.3　植株调整

5.3.1　整枝打杈

甜椒在生长中要进行整枝，多采用 4 秆整枝，及时去除病叶、老叶。大杈以下侧枝在长到 5~10 厘米时去除，并尽量保留叶片。生长中后期要及时疏去徒长枝、细弱枝、下垂枝和病枝，改善通风透光条件。根据栽培需要进行整枝，双株栽培的甜椒可采用双蔓整枝，单株栽培的甜椒可采用四蔓整枝，其他侧枝从基部尽早去除。甜椒枝条柔弱，最好吊蔓。

5.3.2　保果疏果

在低温或高温不适宜甜椒坐果时，使用防脱落素、沈农丰产剂 2 号等植物生长调节剂蘸花保果；从门椒结果开始，对果穗按需进行选留，疏除多余幼果。

5.4　收获

产品达到商品要求后及时采收。

5.5　清洁田园

上茬收获后，将残株和杂草及时清理干净，集中进行无害化处理，保持田园清洁。

6　病虫害防治

6.1　无病虫育苗技术

6.1.1　苗棚表面消毒

可采用日光高温闷棚或者药剂处理。

6.1.1.1 日光高温闷棚。夏季可使用日光高温闷棚消毒，确保棚内温度达到55℃以上，闷棚4~5天。

6.1.1.2 药剂处理。在育苗前清除棚内杂草和植株残体。根据病虫发生情况选用杀虫剂和杀菌剂处理棚室表面。推荐使用熏蒸性药剂或烟剂，消毒效果好，如20%异硫氰酸烯丙酯（辣根素）水乳剂1升/亩熏蒸处理，或硫黄粉500克/亩和30%敌敌畏烟剂300克/亩，或15%腐霉·百菌清烟剂200克/亩配合熏蒸处理等。如无熏蒸性药剂，也可用其他剂型药剂均匀喷洒棚室土壤、墙壁、棚膜、缓冲间（耳房）等棚室表面。

6.1.2 色板技术

应在出苗后悬挂黄板诱杀蚜虫、粉虱、斑潜蝇等害虫，悬挂蓝板诱杀蓟马等害虫。悬挂色板高度高出蔬菜顶部叶片5厘米，每亩挂设25厘米×30厘米色板30块，或30厘米×40厘米色板20块。

6.1.3 防虫网技术

在育苗棚室的门口和通风口分别设置40~50目防虫网，将出入口、风口完全覆盖，以阻隔害虫传入。必须在棚室消毒和育苗前设置，不能等害虫进入后再设置。

6.1.4 消毒垫（池）技术

对进出棚室的人员鞋底进行消毒处理，避免由于人为进出棚室传播根结线虫病、枯萎病、根腐病、疫病等土传病害。推荐在棚室入口处设置消毒池或放置浸有消毒液的消毒垫，消毒液可选用双链季铵盐类、含氯消毒剂等，定期补充。也可选用生石灰消毒，推荐用量100~105克/米^2，撒施范围不少于80厘米×60厘米。

6.2 定植前棚室表面消毒和土壤消毒技术

6.2.1 定植前棚室表面消毒

可采用日光高温闷棚或者药剂处理。具体方法参照6.1.1。

6.2.2 定植前棚室土壤消毒

主要方法有太阳能高温消毒、针对性药剂处理等。

6.2.2.1 太阳能高温消毒。在 7—8 月设施种植的空茬期，深翻土壤 30~40 厘米，每亩加入碎玉米秸秆 300~500 千克、生鸡粪或生牛粪 4 米^3，与土壤翻耕均匀，浇透水，之后地表覆透明塑料膜，四周压实，视天气情况密闭闷棚 30~45 天。

6.2.2.2 针对性药剂处理。针对枯萎病、疫病等单一土传病害可选择针对性药剂处理，如防治枯萎病可选用 1 000亿芽孢/克枯草芽孢杆菌、25%咪鲜胺乳油等药剂处理，防治疫病可选用 500 克/升氟啶胺悬浮、80%烯酰吗啉水分散粒剂或 50%嘧菌酯水分散粒剂等药剂处理。使用方法可采用穴施、定植时灌根等。

6.3 生长期综合防控技术

6.3.1 遮阳网防病技术

为预防病毒病和生理性病害，在高温季节可采用遮阳网技术。生产上通常使用三针的黑色遮阳网，透光率在 60%左右。

6.3.2 防虫网阻隔防虫技术

定植前在棚室出入口处和通风口完全覆盖防虫网，可有效控制各类害虫进入棚室内部。蝶类、蛾类害虫选择 20~30 目，粉虱、蚜虫、斑潜蝇等害虫选择 40~50 目。

6.3.3 色板诱杀害虫技术

在定植后分别挂设 3 块/亩黄板和蓝板，用于监测害虫发生动态。害虫发生后，挂设 25 厘米×30 厘米色板 30 块/亩，或 30 厘米×40 厘米色板 20 块/亩。色板下缘应高出蔬菜顶部 10~20 厘米。

6.3.4 消毒垫（池）防病技术

参照 6.1.4。

6.3.5 节水灌溉防病技术

推荐使用滴灌、膜下暗灌等水肥一体化节水灌溉措施，减少用水量、减少水分蒸发，有效降低空气湿度，减少植株表面结露，延缓和预防病害发生，减轻病害发生程度。

6.3.6 硫黄熏蒸防病技术

硫黄熏蒸技术主要用于椒类白粉病的预防。一般配合电热式硫黄熏蒸器使用，温室内每亩均匀放置6~8个熏蒸器，高度距离地面1.5米，并在熏蒸器上方80厘米设置防护罩，以免棚膜受损。每次硫黄用量20~40克，硫黄投放量不超过钵体的2/3，以免沸腾溢出。使用时间推荐在晚上6—10时，保持棚室密闭至少5小时，次日及时进行通风换气。

6.3.7 天敌控虫技术

6.3.7.1 在蚜虫发生初期（点片阶段），在田间释放异色瓢虫，瓢虫与蚜虫的比例为1：(30~60)，每亩放置70~100个卵卡或500~1 000头成虫，整个生长季释放3次。

6.3.7.2 在粉虱发生初期，将释放丽蚜小蜂的蜂卡挂在植株中上部分的分枝上，每次释放1 000头/亩，若平均每棵植株出现1.0~5头粉虱，每次释放2 000~3 500头/亩，需连续释放4~5次，间隔7~10天释放一次。

6.3.7.3 在蓟马发生初期释放小花蝽，按照小花蝽与蓟马比例为1：(20~30)，均匀释放。

6.3.7.4 在红蜘蛛发生早期（密度为每片叶1~2头），按照益害比1：20淹没式释放，每亩2~3瓶；2周后重复释放一次，叶螨为害严重时（密度为每片叶1 000头），按60头/株释放。

6.3.7.5 在茶黄螨发生初期（密度为每片叶1~2头），每亩释放巴氏新小绥螨70~100袋/亩（活动态巴氏新小绥螨200只/袋），整个生长季释放2~3次。

6.4 科学用药技术

6.4.1 农药防控技术

6.4.1.1 白粉病防控，在发病前至发病初期，可使用 12%苯甲·氟酰胺悬浮剂 40~67 毫升/亩或 25%咪鲜胺乳油 50.0~62.5 克/亩，兑水均匀喷雾，视病情隔 7~10 天喷一次。

6.4.1.2 防治疫病，可选用 5 亿 CFU/毫升侧孢短芽孢杆菌悬浮剂 50~60 毫升/亩或 20%丁吡吗啉悬浮剂 125~150 克/亩，兑水均匀喷雾，视病情隔 7~10 天喷一次。

6.4.1.3 防治烟粉虱，喷施 75 克/升阿维菌素·双丙环虫酯可分散液剂 45~53 毫升/亩、10%溴氰虫酰胺可分散油悬浮剂 40~50 毫升/亩或 22%螺虫·噻虫啉悬浮剂 30~40 毫升/亩，兑水均匀喷雾，视病情隔 7~10 天喷一次。

6.4.2 高效施药技术

优先选用常温烟雾施药机、弥雾机、弥粉机、静电喷雾器等精准高效施药器械施药，提高农药利用率和防治效果，减少农药对环境的污染。

6.5 产后植株残体处理技术

各园区可利用已有的沼气发酵站等设备进行处理，或是采用蔬菜秸秆直接还田消毒、生物秸秆反应堆、蔬菜秸秆蚯蚓处理、蔬菜秸秆常规堆肥、纳米膜智能发酵等技术进行处理。详见附录 A-4。

附录 B-5　设施黄瓜减肥减药技术规程

黄瓜耗水量大，对养分和水分吸收能力强，需经常灌溉施肥，适宜种植于土层深厚、腐殖质多、排水良好、水肥保持能力强的中性或微酸性壤土。黄瓜正常生长发育的最低气温是 10~12℃，高于 40℃，叶片光合作用急剧衰退，代谢机能受阻。白天生长温度 25~35℃为宜，夜间生长温度 20~22℃为宜。力争白天适宜温度持续时间在 4 小时以上。适宜地温为 25~35℃，地温低于 12℃根系生理活动受阻。

本规程适用于北京地区冬春茬设施黄瓜生产。

1　茬口安排

12 月下旬至 1 月上旬育苗，2 月中下旬定植，5 月至 7 月初拉秧。

2　品种选择与播种

2.1　品种选择

2.1.1　种子质量符合 GB 16715《瓜菜作物种子》要求。

2.1.2　宜选择抗病、优质、高产、耐低温弱光高湿、生长势强、不易发生早衰的品种，如中农 26 号、中农 50 号、京研 108-2、津优 35 号等。

2.2　播种量

栽培田用种 100~150 克/亩，苗床用种 8~10 克/米^2。

2.3　播种方法

种子用 52℃温水浸种 30 分钟。苗床浇透水，水下渗后覆一薄层药土（约 0.6 厘米厚），然后播种，随播种随抓土堆 2~3 厘米厚，播后覆盖一层药土（约 0.6 厘米厚）。

3　苗期管理

3.1　温度

苗期温度管理指标见表 B-5-1。

表 B-5-1　黄瓜苗期温度管理指标　　（单位：℃）

时期	昼温	夜温
播种—拱土	28~30	20
拱土—齐苗	25	15~18
齐苗—分苗	20~25	12~15
分苗—缓苗	28~30	18~20
缓苗—1 叶 1 心	25~28	12~16
1 叶 1 心—4 叶 1 心	25~28	8~15
定植前 5~7 天	20~25	5~14

3.2　水分

播种时浇足底水，子叶期靠覆盖潮湿细土保证苗床湿度。育成苗阶段，若苗坨发干且苗表现缺水，结合倒坨进行喷水，喷水时苗坨要浇透。幼苗若不过分缺水一般不宜补水。

3.3　壮苗指标

株高 20 厘米左右，具有 4~5 片真叶，叶色浓绿，根系发达，无病虫害。

4　定植

4.1　定植前的准备

4.1.1　取土化验

在日光温室内采用“S”形布点采样，随机选 5 个点，采样深度为 0~20 厘米，每个样品取 5 个点混合而成，测定土壤有效磷、速效钾、pH 值、EC 值等基础理化指标。

4.1.2 整地

做成宽130~140厘米的瓦垄畦，畦高10~15厘米，及时覆盖地膜。

4.2 定植时间与密度

棚室内最低气温稳定在5℃以上，10厘米地温稳定在12℃以上，进行定植。栽苗后封严定植孔周围的农膜。大小行定植，定植密度为3 500~3 800株/亩。

5 田间管理

5.1 环境调控

5.1.1 温度

白天温度保持在25~30℃，高于30℃应适当通风，夜间适宜温度为15~18℃，当外界气温稳定通过15℃时应昼夜通风。保持昼夜温差10~15℃有利于产量的提高。

5.1.2 光照

夏季适当遮阳降温。

5.1.3 空气湿度

黄瓜适宜的空气相对湿度为60%~90%。坐瓜期空气相对湿度以70%~85%为宜。空气相对湿度过大很容易发病，造成减产。

5.2 肥水管理

5.2.1 施肥原则

使用肥料应符合NY/T 496《肥料合理使用准则　通则》的规定。禁止使用未经国家或省级农业部门登记的化肥和生物肥料，以及重金属含量超标的有机肥和矿质肥。

5.2.2 养分需求规律

每生产1 000千克黄瓜需要的养分是氮（N）2.8~3.2千克、磷（P）0.4~0.6千克、钾（K）3.0~3.7千克、钙（Ca）1.6~2.1千克、镁（Mg）0.3~0.4千克。黄瓜坐瓜后进入养分需求旺盛期，其间对养分的吸收量占整个生育周期养分需求量的 90% 左右。

5.2.3　氮总量控制

冬春茬黄瓜的目标产量为 8 000~10 000 千克/亩。根据作物产量水平确定氮素目标供应值，在考虑有机肥养分供应的情况下，确定追施氮素推荐量。

5.2.4　磷钾衡量监控

磷钾施肥量根据土壤中的磷钾含量进行校正。土壤磷钾含量在极低、低、中、高、极高肥力水平下推荐分别按照作物磷钾带走量的 2 倍、1.5 倍、1 倍、0.5 倍、0 倍施用。设施黄瓜土壤磷素和钾素供应丰缺指标见表 B-5-2。

表 B-5-2　设施黄瓜土壤磷钾丰缺指标

（单位：毫克/千克）

作物	对比项	养分丰缺指标				
		极低	低	中	高	极高
黄瓜	有效磷	<120	120~160	160~200	200~240	>240
	速效钾	0~70	70~100	100~180	180~300	>300

5.2.5　施肥技术

5.2.5.1　底肥选择与用量推荐。新菜田可施用 8~10 米^3/亩粗杂有机肥，或 4~5 米^3/亩粪肥（禽类粪肥），或商品有机肥 800~1 000千克/亩，搭配化肥 10~15 千克（尽量选用低磷化肥品种）；老菜田选用含秸秆丰富，经过堆沤发酵的粪肥 3~4 米^3/亩（畜类粪肥或畜禽掺混类粪肥），或商品有机肥 400~500 千克/亩，老菜田底肥可不施用化肥。

5.2.5.2　土壤障碍。存在重茬、次生盐渍化、酸化等障碍的土壤，定植后，将抗重茬剂（绿康威）随水施用，亩施 4 千克，连续 2~3 次；或定植前，在地表喷施 30 千克/亩禾康土壤调理剂，或有条件的可进行一次大水洗盐，或施用生石灰。有些连作障碍严重的老菜田采用秸秆生物反应堆技术效果很好。

5.2.5.3 追肥选择。根据作物生育期的需肥特点，按照平衡施肥的原则，分阶段合理施肥。选用含氨基酸、腐植酸、海藻酸等具有促根抗逆作用的功能型完全水溶性肥料或无磷水溶肥。

5.2.5.4 追肥用量推荐。追肥用量推荐见表 B-5-3。

表 B-5-3 黄瓜各生育期推荐追肥量

生育期	肥料	推荐用量
苗期	高氮型滴灌专用肥（如 N-P_2O_5-K_2O 为 16-20-14、22-8-22 或 22-4-24），或氮磷钾配方相近的完全水溶性肥料	3~5 千克/（次·亩），定植后 7~10 天一次
开花坐果期		5~6 千克/（次·亩），追肥 1 次
结果初期	高钾型滴灌专用肥（如 N-P_2O_5-K_2O 为 17-7-26、18-3-29 或 19-5-26），或氮磷钾配方相近的完全水溶性肥料	5~6 千克/（次·亩），追肥 1 次
结果盛期		6~8 千克/（次·亩），追肥 3~4 次
结果末期	高氮型滴灌专用肥（如 N-P_2O_5-K_2O 为 16-20-14、22-8-22 或 22-4-24），或氮磷钾配方相近的完全水溶性肥料	2~3 千克/（次·亩），追肥 1 次

5.2.5.5 中微量元素。设施黄瓜对钙、镁的需求较大。缺钙表现为幼叶缘镶金边，叶脉间出现白色透明腐烂斑点，失绿。缺镁叶脉间全部黄白化，叶缘上卷，致叶片枯死。黄瓜对铁元素的吸收量最大，其次为锌和锰，再次为铜和硼，进入初瓜期后，对铁、锌、锰、硼的吸收量最快。

按照“因缺补缺”原则，可在黄瓜开花结果期随水滴灌施入液体钙镁肥 3～4 次，补充钙 700～800 克/亩、镁 90～100 克/亩。同时，可施用含氨基酸和微量元素的功能性水溶性肥补充铁、锌、硼，苗期施用 1 次，开花结果期施用 3 次，每次每亩施用量 2 升左右。

5.2.5.6　水分管理。选择适宜的滴灌设备、施肥设备、储水设施、水质净化设施等，重点应用膜下滴灌技术。定植存活后，及时浇水，3～5 天后，浇缓苗水，及时浇小水促进缓苗，之后根据天气状况，适度控水蹲苗，直至根瓜坐瓜。当根瓜谢花、瓜长 10 厘米以上、瓜把发黑时应加强水肥管理，保证水肥供应充足，保证土壤相对湿度在 80%～90%，并防止忽干忽湿。

5.3　植株调整

5.3.1　插架或吊蔓

定植后 1 周左右，黄瓜植株有 6～7 片叶时进行吊蔓。用银灰色的尼龙绳拴在秧茎部，进行“S”形绑蔓。

5.3.2　整枝方法

结合绑蔓及时去除雄花，打掉卷须和基部第五节以下的侧枝。第五节以上的侧枝可留 1 条瓜。

5.3.3　摘心、打底叶

当主蔓达到 24～26 节时，摘除顶芽。侧枝雌花生长点方向留 2 片功能叶后摘心。及时打掉下部的老黄叶和病叶，去掉已收完瓜的侧枝。植株长满架时，将顶留的吊绳解开放下，为植株继续生长腾出空间，并根据植株生长情况，隔一段时间落一次蔓。

5.4　保果疏果

5.4.1　保果

在花期采用熊蜂或人工辅助授粉。

5.4.2　疏果

长势强的植株6片叶以下的瓜全部疏除，长势弱的植株7~8片叶以下的瓜全部疏除。1片叶留1个瓜或者3片叶留2个瓜。及时摘除病瓜、弯瓜、畸形瓜。

5.5　收获

产品达到商品要求后及时采收。

5.6　清洁田园

上茬收获后，将残株和杂草及时清理干净，集中进行无害化处理，保持田园清洁。

6　病虫害防控

6.1　无病虫育苗技术

6.1.1　苗棚表面消毒

可采用日光高温闷棚或者药剂处理。

6.1.1.1　日光高温闷棚。夏季可使用日光高温闷棚消毒，确保棚内温度达到55℃以上，闷棚4~5天。

6.1.1.2　药剂处理。在育苗前清除棚内杂草和植株残体。根据病虫发生情况选用杀虫剂和杀菌剂处理棚室表面。推荐使用熏蒸性药剂或烟剂，消毒效果好，如20%异硫氰酸烯丙酯（辣根素）水乳剂1升/亩熏蒸处理，或硫黄粉500克/亩和30%敌敌畏烟剂300克/亩，或15%腐霉·百菌清烟剂200克/亩配合熏蒸处理等。如无熏蒸性药剂，也可用其他剂型药剂均匀喷洒棚室土壤、墙壁、棚膜、缓冲间（耳房）等棚室表面。

6.1.2　色板技术

应在出苗后悬挂黄板诱杀蚜虫、粉虱、斑潜蝇等害虫，悬挂蓝板诱杀蓟马等害虫。悬挂色板高度高出蔬菜顶部叶片5厘米，每亩挂设25厘米×30厘米色板30块，或30厘米×40厘米色板20块。

6.1.3　防虫网技术

在育苗棚室的门口和通风口分别设置 40~50 目防虫网，将出入口、风口完全覆盖，以阻隔害虫传入。必须在棚室消毒和育苗前设置，不能等害虫进入后再设置。

6.1.4　消毒垫（池）技术

对进出棚室的人员鞋底进行消毒处理，避免由于人为进出棚室传播根结线虫病、枯萎病、根腐病、疫病等土传病害。推荐在棚室入口处设置消毒池或放置浸有消毒液的消毒垫，消毒液可选用双链季铵盐类、含氯消毒剂等，定期补充；也可选用生石灰消毒，推荐用量 100~105 克/米^2，撒施范围不少于 80 厘米×60 厘米。

6.2　定植前棚室表面消毒和土壤消毒技术

6.2.1　定植前棚室表面消毒

可采用日光高温闷棚或者药剂处理。具体方法参照 6.1.1。

6.2.2　定植前棚室土壤消毒

主要方法有太阳能高温消毒和针对性药剂处理等。

6.2.2.1　太阳能高温消毒。在 7—8 月设施种植的空茬期，深翻土壤 30~40 厘米，每亩加入碎玉米秸秆 300~500 千克、生鸡粪或生牛粪 4 米^3，与土壤翻耕均匀，浇透水，之后地表覆透明塑料膜，四周压实，视天气情况密闭闷棚 30~45 天。

6.2.2.2　针对性药剂处理。针对枯萎病、根结线虫等单一土传病害可选择针对性药剂处理，如防治根结线虫可选用 20%噻唑膦水乳剂、2.5%阿维菌素颗粒剂或 41.7%氟吡菌酰胺悬浮剂等药剂处理，防治枯萎病可选用 6%春雷霉素可湿性粉剂、300 亿芽孢/毫升枯草芽孢杆菌悬浮种衣剂和 3%氨基寡糖素水剂等药剂处理。使用方法可采用穴施、定植时灌根等。

6.3 生长期综合防控技术

6.3.1 遮阳网防病技术

为预防病毒病和生理性病害，在高温季节可采用遮阳网技术。生产上通常使用三针的黑色遮阳网，透光率在60%左右。

6.3.2 防虫网阻隔防虫技术

定植前在棚室出入口处和通风口完全覆盖防虫网，可有效控制各类害虫进入棚室内部。蝶类、蛾类害虫选择20～30目，粉虱、蚜虫、斑潜蝇等害虫选择40～50目。

6.3.3 色板诱杀害虫技术

在定植后分别挂设3块/亩黄板和蓝板，用于监测害虫发生动态。害虫发生后，挂设25厘米×30厘米色板30块/亩，或30厘米×40厘米色板20块/亩。色板下缘应高出蔬菜顶部10～20厘米。

6.3.4 消毒垫（池）防病技术

参照6.1.4。

6.3.5 节水灌溉防病技术

推荐使用滴灌、膜下暗灌等水肥一体化节水灌溉措施，减少用水量、减少水分蒸发，有效降低空气湿度，减少植株表面结露，延缓和预防病害发生，减轻病害发生程度。

6.3.6 硫黄熏蒸防病技术

硫黄熏蒸技术主要用于黄瓜白粉病的预防。一般配合电热式硫黄熏蒸器使用，温室内每亩均匀放置6～8个熏蒸器，高度距离地面1.5米，并在熏蒸器上方80厘米设置防护罩，以免棚膜受损。每次硫黄用量20～40克，硫黄投放量不超过钵体的2/3，以免沸腾溢出。使用时间推荐在晚上6—10时，保持棚室密闭至少5小时，次日及时进行通风换气。

6.3.7 天敌控虫技术

6.3.7.1 在蚜虫发生初期（点片阶段），在田间释放异色瓢虫，瓢虫与蚜虫的比例为 1：(30～60)，每亩放置 70～100 个卵卡或 500～1 000头成虫，整个生长季释放 3 次。

6.3.7.2　在粉虱发生初期，将释放丽蚜小蜂的蜂卡挂在植株中上部分的分枝上，每次释放 1 000头/亩，若平均每棵植株出现 1～5 头粉虱，每次释放 2 000～3 500头/亩，需连续释放 4～5 次，间隔 7～10 天释放一次。

6.3.7.3　在蓟马发生初期释放小花蝽，按照小花蝽与蓟马比例为 1：(20～30)，均匀释放。

6.3.7.4　在红蜘蛛发生早期（密度为每片叶 1～2 头），按照益害比 1：20 淹没式释放，每亩 2～3 瓶；2 周后重复释放一次，叶螨为害严重时（密度为每片叶 1 000头），按 60 头/株释放。

6.3.7.5　在茶黄螨发生初期（密度为每片叶 1～2 头），每亩释放巴氏新小绥螨 70～100 袋/亩（活动态巴氏新小绥螨 200 只/袋），整个生长季释放 2～3 次。

6.4　科学用药技术

6.4.1　农药防控技术

6.4.1.1　霜霉病防控，在发病前至发病初期，选用 80%三乙膦酸铝水分散粒剂 180～235 克/亩、72%霜脲·锰锌可湿性粉剂 133～167 克/亩，或 72%甲霜·锰锌可湿性粉剂 180～210 克/亩喷雾防治。

6.4.1.2　白粉病防控，选用 2%几丁聚糖可溶液剂 34～50 毫升/亩、1 000亿芽孢/克枯草芽孢杆菌可湿性粉剂 55～75 克/亩、29%宁南·氟菌唑可湿性粉剂 15～20 克/亩、250 克/升嘧菌酯悬浮剂 40～48 毫升/亩或 10%苯醚甲环唑水分散粒剂 50～83 克/亩喷雾防治。

6.4.1.3　细菌性角斑病防控，选用 3%中生菌素可湿性粉剂 80～110 毫升/亩、45%精甲·王铜可湿性粉剂 100～125 克/亩，或 77%

氢氧化铜水分散粒剂 45~55 克/亩喷雾防治。

6.4.1.4 粉虱防控，喷施 200 万 CFU/毫升耳霉菌悬浮剂 150~230 毫升/亩、0.5%藜芦碱可溶液剂 70~80 毫升/亩、10%溴氰虫酰胺可分散油悬浮剂 43~57 毫升/亩或 75%吡蚜·螺虫酯水分散粒剂 8~12 克/亩喷雾防治。

6.4.1.5 防治根结线虫病，可选用 10%噻唑膦颗粒剂 2 000~2 500克/亩土壤撒施，6%寡糖·噻唑膦水乳剂 750~1 000毫升/亩灌根，40%氟烯线砜乳油 500~600 毫升/亩土壤喷雾。

6.4.2 高效施药技术

优先选用常温烟雾施药机、弥雾机、弥粉机、静电喷雾器等精准高效施药器械施药，提高农药利用率和防治效果，减少农药对环境的污染。

6.5 产后植株残体处理技术

各园区可利用已有的沼气发酵站等设备进行处理，或是采用蔬菜秸秆直接还田消毒、生物秸秆反应堆、蔬菜秸秆蚯蚓处理、蔬菜秸秆常规堆肥、纳米膜智能发酵等技术进行处理。详见附录 A-4。

附录 B-6　设施茄子减肥减药技术规程

茄子喜温而不耐低温，发芽适宜温度 25~30℃，幼苗期白天适宜温度 25~30℃，夜间适宜温度 18~25℃，开花结果期 30℃左右较为适宜。温度低于 20℃，植株发育缓慢，授粉和果实生长发育都会受到阻碍；温度低于 15℃，植株生长衰弱，落花落果；温度低于 10℃，植株生长停止。当温度高于 35℃，花器发育不良，生长缓慢。茄子喜水但怕涝，若空气湿度长期超过 80%，容易引起病害发生。门茄子房膨大露出花萼前需要水分较少，之后需要水分较多，对茄收获前后需要水分最多。茄子对土壤要求不太严格，以含有机质多、土层深厚、疏松肥沃、排水良好的砂质壤土上生长最好，适宜土壤 pH 值 6. 8~7. 3。

本规程适用于北京地区冬春茬设施茄子生产。

1　茬口安排

12 月下旬至 1 月上旬育苗，2 月中下旬定植，6 月下旬 7 月初拉秧。

2　品种选择与播种

2. 1　品种选择

2. 1. 1　种子质量符合 GB 16715《瓜菜作物种子》要求。

2. 1. 2　宜选择耐低温、耐弱光和抗病性强品种，如京茄 1 号、京茄 6 号、天津快圆茄、京茄黑宝、硕源黑宝、布利塔、娜塔莉、海丰长茄 2 号等。

2. 2　播种量

栽培田用种 40~50 克/亩，苗床用种 15~20 克/米^2。

2. 3　播种方法

种子用 52℃温水浸种 30 分钟。种子出芽 70%以上即可播种。播种前浇足底水，水下渗后薄撒一层营养土，找平床面，均匀撒播种子。播后覆营养土 0.8~1.0 厘米。

3 苗期管理

3.1 温度

苗期适宜温度指标见表 B-6-1。

表 B-6-1 茄子苗期温度管理指标 （单位：℃）

时期	昼温	夜温	短时间最低夜温
播种—齐苗	28~30	20~25	15
齐苗—分苗	22~28	15~18	10
分苗—缓苗	28~30	23~25	13
缓苗—定植前	22~25	15~18	10
定植前 5~7 天	18~20	10~15	8

3.2 水分

幼苗期要少量多次浇水，分苗前 5~7 天适当控水。

3.3 壮苗指标

苗高 20~25 厘米，7~9 片真叶，茎粗 5 厘米左右，叶片肥厚，深绿色，普遍现蕾，根系发达为乳白色，无病虫斑痕。

4 定植

4.1 定植前的准备

4.1.1 取土化验

在日光温室内采用“S”形布点采样，随机选 5 个点，采样深度为 0~20 厘米，每个样品取 5 个点混合而成，测定土壤有效磷、速效钾、pH 值、EC 值等基础理化指标。

4.1.2 整地

土壤深翻 30~40 厘米。做成畦面宽 70 厘米，畦沟宽 80 厘米，15~20 厘米高的小高畦。均采用地膜覆盖，畦埂稍高，以便膜下灌水，覆膜时宜晚不宜早，利于根系的生长。

4.2　定植

每畦定植双行，株距 35~40 厘米，定植密度 2 500株/亩。

5　田间管理

5.1　环境调控

5.1.1　温度

生长期温度管理指标见表 B-6-2。

表 B-6-2　茄子定植后温度管理指标　　（单位:℃）

时期	昼温	夜温
缓苗期	30~35	30~35
缓苗后—开花期	28~30	20
开花结果期	25~30	≥15

5.1.2　光照

选用透光性好的薄膜并保持膜面清洁，或者在保持适宜温度前提下，尽早揭草帘或保温被，或者棚内张挂反光膜，或者雨雪天气采用补光灯，促进茄子光合产物形成。

5.1.3　空气湿度

根据茄子不同生育阶段对湿度的要求和控制病害的需求，缓苗期空气相对湿度 80%~90%，开花结果期空气相对湿度 60%~65%。

5.2　肥水管理

5.2.1　施肥原则

使用肥料应符合 NY/T 496《肥料合理使用准则　通则》的规定。禁止使用未经国家或省级农业部门登记的化肥和生物肥料，以及重金属含量超标的有机肥和矿质肥。

5.2.2 养分需求规律

每生产 1 000 千克茄子需要的养分是氮（N）2.6~3.0 千克，磷（P）0.3~0.5 千克，钾（K）2.6~4.6 千克。茄子挂果后进入养分需求旺盛期，其间养分吸收量占整个生育期养分需求量的 80%~90%。

5.2.3 氮总量控制

根据作物产量水平确定氮素目标供应值，在考虑有机肥养分供应的情况下，确定追施氮素推荐量。冬春茬茄子的目标产量为 8 000~10 000千克/亩。

5.2.4 磷钾衡量监控

磷钾施肥量根据土壤中的磷钾含量进行校正。土壤磷钾含量在极低、低、中、高、极高肥力水平下推荐分别按照作物磷钾带走量的 2 倍、1.5 倍、1 倍、0.5 倍、0 倍施用。设施茄子土壤磷素和钾素供应丰缺指标见表 B-6-3。

表 B-6-3　设施茄子土壤磷钾丰缺指标

（单位：毫克/千克）

作物	对比项	养分丰缺指标				
		极低	低	中	高	极高
茄子	有效磷	＜80	80~100	100~150	150~200	＞200
	速效钾	0~70	70~100	100~180	180~300	＞300

5.2.5 施肥技术

5.2.5.1 底肥选择与用量推荐。新菜田可施用 8~10 米^3/亩粗杂有机肥，或 4~5 米^3 粪肥（禽类粪肥），或商品有机肥 800~1 000 千克/亩，搭配化肥 10~15 千克（尽量选用低磷化肥品种）；老菜田选用含秸秆丰富，经过堆沤发酵的粪肥 3~4 米^3/亩（畜类粪肥或畜禽掺混类粪肥），或商品有机肥 400~500 千克/亩，老菜田底肥可不施用化肥。

5.2.5.2 土壤障碍。存在重茬、次生盐渍化、酸化等障碍的土壤，定植后，将抗重茬剂（绿康威）随水施用，亩施 4 千克，连续 2~3 次；或定植前，在地表喷施 30 千克/亩禾康土壤调理剂，或有条件的可进行一次大水洗盐，或施用生石灰。有些连作障碍严重的老菜田采用秸秆生物反应堆技术效果很好。

5.2.5.3 追肥选择。根据作物生育期的需肥特点，按照平衡施肥的原则，分阶段合理施肥。选用含氨基酸、腐植酸、海藻酸等具有促根抗逆作用的功能型完全水溶性肥料或低磷、无磷水溶肥。

5.2.5.4 追肥用量推荐。追肥用量推荐见表 B-6-4。

表 B-6-4　茄子各生育期追肥推荐用量

生育期	肥料	推荐用量
苗期	高氮型滴灌专用肥（如 $N-P_2O_5-K_2O$ 为 16-20-14、22-8-22 或 22-4-24），或氮磷钾配方相近的完全水溶性肥料	3~5 千克/（次·亩），定植后 7~10 天一次
开花坐果期		5~6 千克/（次·亩），追肥 1 次
结果初期		6~8 千克/（次·亩），追肥 1 次
结果盛期	高钾型滴灌专用肥（如 $N-P_2O_5-K_2O$ 为 17-7-26、18-3-29，或 19-5-26），或氮磷钾配方相近的完全水溶性肥料	5~6 千克/（次·亩），追肥 3~4 次
结果末期		2~3 千克/（次·亩），追肥 1 次

5.2.5.5 中微量元素。茄子对钙、镁吸收量较大，每生产 1 000千克茄子（鲜重）需从土壤中吸收钙（Ca）2.7~3.0 千克，镁（Mg）1.1~1.3 千克。茄子缺钙易发生顶腐病。缺镁叶脉间出现褐斑，果实变小，发育不良。茄子对铁的累积吸收量最大。缺铁顶部

叶片黄化。

按照“因缺补缺”原则，可在追施大量元素水溶性肥料的同时，随水滴灌施入中微量元素水溶肥料。开花结果期补充液体钙镁肥 2 次，补充添加铁等微量元素的氨基酸水溶性肥 3~4 次。

5.2.5.6 水分管理。选择适宜的滴灌设备、施肥设备、储水设施、水质净化设施等，重点应用膜下滴灌技术。一般定植后 15 天第一次浇水，12~15 天浇一次，中后期 7~10 天浇一次。

5.3 植株调整

5.3.1 插架或吊蔓

用尼龙绳吊蔓或用细竹竿插架。

5.3.2 整枝方法

采用双秆整枝（“V”形整枝）法。将门茄之处的侧枝保留，形成双秆，门茄之下的侧枝全部摘除。主茎上的第一朵花开放时，上部各分枝除在每一花序下留一侧枝外，其余的侧枝全部摘除。

5.3.3 摘心、打底叶

侧枝上的花开放，果实坐住之后上面留两片叶进行摘心。门茄采收之后及时去除以下的叶片和蘖芽。生长过于茂盛或植株过密，应摘除部分叶片以保证果实生长正常，色泽鲜嫩。

5.4 保果疏果

5.4.1 保果

在花期采用熊蜂辅助授粉。

5.4.2 疏果

按照“疏小留大，疏弱留强，疏病留壮”的原则，晴天适时剪除弱花、小果、畸形果。

5.5 收获

产品达到商品要求后及时采收。

5.6 清洁田园

上茬收获后，将残株和杂草及时清理干净，集中进行无害化处理，保持田园清洁。

6 病虫害防控

6.1 无病虫育苗技术

6.1.1 苗棚表面消毒

可采用日光高温闷棚或者药剂处理。

6.1.1.1 日光高温闷棚。夏季可使用日光高温闷棚消毒，确保棚内温度达到 55℃以上，闷棚 4~5 天。

6.1.1.2 药剂处理。在育苗前清除棚内杂草和植株残体。根据病虫发生情况选用杀虫剂和杀菌剂处理棚室表面。推荐使用熏蒸性药剂或烟剂，消毒效果好，如 20%异硫氰酸烯丙酯（辣根素）水乳剂 1 升/亩熏蒸处理，或硫黄粉 500 克/亩和 30%敌敌畏烟剂 300 克/亩，或 15%腐霉·百菌清烟剂 200 克/亩配合熏蒸处理等。如无熏蒸性药剂，也可用其他剂型药剂均匀喷洒棚室土壤、墙壁、棚膜、缓冲间（耳房）等棚室表面。

6.1.2 色板技术

应在出苗后悬挂黄板诱杀蚜虫、粉虱、斑潜蝇等害虫，悬挂蓝板诱杀蓟马等害虫。悬挂色板高度高出蔬菜顶部叶片 5 厘米，每亩挂设 25 厘米×30 厘米色板 30 块，或 30 厘米×40 厘米色板 20 块。

6.1.3 防虫网技术

在育苗棚室的门口和通风口分别设置 40~50 目防虫网，将出入口、风口完全覆盖，以阻隔害虫传入。必须在棚室消毒和育苗前设置，不能等害虫进入后再设置。

6.1.4 消毒垫（池）技术

对进出棚室的人员鞋底进行消毒处理，避免由于人为进出棚室传播根结线虫病、枯萎病、根腐病、疫病等土传病害。推荐在棚室入口处设置消毒池或放置浸有消毒液的消毒垫，消毒液可选用双链季铵盐类、含氯消毒剂等，定期补充。也可选用生石灰消毒，推荐用量 100~105 克/米^2，撒施范围不少于 80 厘米×60 厘米。

6.2 定植前棚室表面消毒和土壤/基质消毒技术

6.2.1 定植前棚室表面消毒

可采用日光高温闷棚或者药剂处理。具体方法参照 6.1.1。

6.2.2 定植前棚室土壤消毒

主要方法有太阳能高温消毒和针对性药剂处理等。

6.2.2.1 太阳能高温消毒。在 7—8 月设施种植的空茬期，深翻土壤 30~40 厘米，每亩加入碎玉米秸秆 300~500千克、生鸡粪或生牛粪 4 米^3，与土壤翻耕均匀，浇透水，之后地表覆透明塑料膜，四周压实，视天气情况密闭闷棚 30~45 天。

6.2.2.2 针对性药剂处理。针对枯萎病等单一土传病害可选择针对性药剂处理，如对茄子黄萎病可用 10 亿芽孢/克枯草芽孢杆菌等药剂处理，枯萎病可用 30%多・福可湿性粉剂等药剂处理。使用方法可采用穴施、定植时灌根等。

6.3 生长期综合防控技术

6.3.1 遮阳网防病技术

为预防病毒病和生理性病害，在高温季节可采用遮阳网技术。生产上通常使用三针的黑色遮阳网，透光率在 60%左右。

6.3.2 防虫网阻隔防虫技术

定植前在棚室出入口处和通风口完全覆盖防虫网，可有效控制各类害虫进入棚室内部。蝶类、蛾类害虫选择 20~30 目，粉虱、蚜虫、斑潜蝇等害虫选择 40~50 目。

6.3.3 色板诱杀害虫技术

在定植后分别挂设 3 块/亩黄板和蓝板，用于监测害虫发生动态。害虫发生后，挂设 25 厘米×30 厘米色板 30 块/亩，或 30 厘米×40 厘米色板 20 块/亩。色板下缘应高出蔬菜顶部 10~20 厘米。

6.3.4 消毒垫（池）防病技术

参照 6.1.4。

6.3.5 节水灌溉防病技术

推荐使用滴灌、膜下暗灌等水肥一体化节水灌溉措施，减少用水量、减少水分蒸发，有效降低空气湿度，减少植株表面结露，延缓和预防病害发生，减轻病害发生程度。

6.3.6 天敌控虫技术

6.3.6.1 在蚜虫发生初期（点片阶段），在田间释放异色瓢虫，瓢虫与蚜虫的比例为 1：(30~60)，每亩放置 70~100 个卵卡或 500~1 000头成虫，整个生长季释放 3 次。

6.3.6.2 在粉虱发生初期，将释放丽蚜小蜂的蜂卡挂在植株中上部分的分枝上，每次释放 1 000头/亩，若平均每棵植株出现 1~5 头粉虱，每次释放 2 000~3 500头/亩，需连续释放 4~5 次，间隔 7~10 天释放一次。

6.3.6.3 在蓟马发生初期释放小花蝽，按照小花蝽与蓟马比例为 1：(20~30)，均匀释放。

6.3.6.4 在红蜘蛛发生早期（密度为每片叶 1~2 头），按照益害比 1：20 淹没式释放，每亩 2~3 瓶；2 周后重复释放一次，叶螨为害严重时（密度为每片叶 1 000头），按 60 头/株释放。

6.3.6.5 在茶黄螨发生初期（密度为每片叶 1~2 头），每亩释放巴氏新小绥螨 70~100 袋/亩（活动态巴氏新小绥螨 200 只/袋），整个生长季释放 2~3 次。

6.4 科学用药技术

6.4.1 农药防控技术

6.4.1.1 黄萎病防控，在发病前至发病初期，选用 10 亿芽孢/克枯草芽孢杆菌可湿性粉剂 2~3 克/株穴施。

6.4.1.2 防治蓟马，喷施 60 克/升乙基多杀霉素悬浮剂 10~20 毫升/亩或 240 克/升虫螨腈悬浮剂 20~30 毫升/亩喷雾防治。

6.4.1.3 防治蚜虫，可选用 1.5%苦参碱可溶液剂 30~40 毫升/亩喷雾防治。

6.4.2 高效施药技术

优先选用常温烟雾施药机、弥雾机、弥粉机、静电喷雾器等精准高效施药器械施药，提高农药利用率和防治效果，减少农药对环境的污染。

6.5 产后植株残体处理技术

各园区可利用已有的沼气发酵站等设备进行处理，或是采用蔬菜秸秆直接还田消毒、生物秸秆反应堆、蔬菜秸秆蚯蚓处理、蔬菜秸秆常规堆肥、纳米膜智能发酵等技术进行处理。详见附录 A-4。

附录 B-7　设施芹菜减肥减药技术规程

芹菜属半耐寒型蔬菜，喜温，喜光，吸水吸肥能力弱，适宜有机质丰富、保水保肥能力强的壤土或黏壤土。根系浅，吸收面积小，根系分布在 7~10 厘米范围内，耐旱、耐涝力较弱，需要湿润的土壤和空气条件。

本规程适用于北京地区秋冬茬设施芹菜生产。

1　茬口安排

秋冬茬于 7 月下旬至 8 月上旬播种，在 9 月下旬至 10 月上旬定植，12 月底至翌年 2 月为采收期。

2　品种选择与播种

2.1　品种选择

2.1.1　种子质量符合 GB 16715《瓜菜作物种子》要求。

2.1.2　选择叶柄长、纤维少、丰产、抗逆性好、抗病虫能力强的品种。西芹包括文图拉、皇后、高优他、奥尔良、京芹 2 号、百利等。本地芹包括津南实芹、鲍芹、马家沟芹菜、红芹 1 号、白芹 1 号等。

2.2　播种量

西芹播种量为 20~25 克/亩，本地芹播种量为 100~150 克/亩。

2.3　播种方法

种子用 52℃温水浸种 30 分钟。苗床浇足底水，水下渗后以土找平床面，均匀撒播种子。播后覆土 0.5 厘米。苗床面覆盖遮阳网或稻草，70%幼苗顶土时撤除。穴盘装满基质浇足水，待水渗下后每穴播 1~2 粒种，然后上覆盖 0.5 厘米厚的蛭石。

3　苗期管理

3.1　温度

苗期温度指标见表 B-7-1。

表 B-7-1　芹菜苗期温度管理指标　（单位：℃）

时期	昼温	夜温
齐苗—分苗前	18~20	10~12
分苗—缓苗	20~25	12~15
缓苗后—定植前	18~25	10~12
定植前 5~7 天	15~20	8~10

3.2　光照

采取遮阳网、苇帘等适当遮光降温。

3.3　水分

根据育苗季节和墒情适当浇水。

4　定植

4.1　定植前的准备

4.1.1　取土化验

在日光温室内采用“S”形布点采样，随机选 5 个点，采样深度为 0~20 厘米，每个样品取 5 个点混合而成，测定土壤有效磷、速效钾、pH 值、EC 值等基础理化指标。

4.1.2　整地

定植前 7~10 天整地，深耕 20~25 厘米以上，达到地面平整、没有明暗坷垃的标准。做成畦面宽 1. 3~1. 5 米，畦梗宽 20 厘米的平畦。

4.2　定植密度

根据品种特性、气候条件等因素，西芹定植密度 8 000~10 000 株/亩，本地芹定植密度 35 000~45 000株。

5　田间管理

5.1　中耕

定植后至封垅前，中耕 3~4 次，中耕结合培土和清除田间杂草。缓苗后视生长情况蹲苗 7~10 天。

5.2　肥水管理

5.2.1　施肥原则

使用肥料应符合 NY/T 496《肥料合理使用准则　通则》的规定。禁止使用未经国家或省级农业部门登记的化肥和生物肥料，以及重金属含量超标的有机肥和矿质肥。

5.2.2　养分需求规律

每生产 1 000 千克西芹需要的养分是氮（N）2.79 千克，磷（P）0.3 千克，钾（K）4.74 千克。根据作物各生育期的需求规律进行合理分配，各阶段的化肥养分推荐值见表 B-7-2。

表 B-7-2　芹菜各生育期养分需求规律　　（单位:%）

生育期	N 吸收比例	P 吸收比例	K 吸收比例
生长前期 2~3 片真叶	20	40	10
生长中期 4~5 叶至 8~9 叶	27	27	30
生长后期 8~9 叶至 11~12 叶	53	33	60

5.2.3　施肥技术

整个生育期共施肥 3 次。第一次在芹菜蹲苗结束后，结合浇水，随水施用 13-3-15 水溶肥 2~5 千克/亩。第二次在芹菜进入生长旺盛期，随水施用 18-5-27 水溶肥 5~10 千克/亩。第三次在追肥后 20~25 天进行，随水施用 18-5-27 水溶肥 5~10 千克/亩。

5.2.4　水分管理

定植 3~5 天后及时浇缓苗水，另外，分别于芹菜生长旺盛初期、旺盛期、旺盛中后期浇水。采收前 10 天停止浇水。深秋和冬季控制浇水，浇水选择晴天上午 10—11 时进行，并加强通风降湿。严禁大水漫灌。

5.2.5 光照管理

设施生产过程中需要足够的光照，需定时清扫棚膜，提高透光率。

5.3 收获

产品达到商品要求后及时采收。

5.4 清洁田园

上茬收获后，将残株和杂草及时清理干净，集中进行无害化处理，保持田园清洁。

6 病虫害防治

6.1 无病虫育苗技术

6.1.1 苗棚表面消毒

可采用日光高温闷棚或者药剂处理。

6.1.1.1 日光高温闷棚。夏季可使用日光高温闷棚消毒，确保棚内温度达到55℃以上，闷棚4~5天。

6.1.1.2 药剂处理。在育苗前清除棚内杂草和植株残体。根据病虫发生情况选用杀虫剂和杀菌剂处理棚室表面。推荐使用熏蒸性药剂或烟剂，消毒效果好，如20%异硫氰酸烯丙酯（辣根素）水乳剂1升/亩熏蒸处理，或硫黄粉500克/亩和30%敌敌畏烟剂300克/亩，或15%腐霉·百菌清烟剂200克/亩配合熏蒸处理等。如无熏蒸性药剂，也可用其他剂型药剂均匀喷洒棚室土壤、墙壁、棚膜、缓冲间（耳房）等棚室表面。

6.1.2 色板技术

应在出苗后悬挂黄板诱杀蚜虫、粉虱、斑潜蝇等害虫，悬挂蓝板诱杀蓟马等害虫。悬挂色板高度高出蔬菜顶部叶片5厘米，每亩挂设25厘米×30厘米色板30块，或30厘米×40厘米色板20块。

6.1.3 防虫网技术

在育苗棚室的门口和通风口分别设置 40~50 目防虫网，将出入口、风口完全覆盖，以阻隔害虫传入。必须在棚室消毒和育苗前设置，不能等害虫进入后再设置。

6.1.4 消毒垫（池）技术

对进出棚室的人员鞋底进行消毒处理，避免由于人为进出棚室传播根结线虫病、枯萎病、根腐病、疫病等土传病害。推荐在棚室入口处设置消毒池或放置浸有消毒液的消毒垫，消毒液可选用双链季铵盐类、含氯消毒剂等，定期补充。也可选用生石灰消毒，推荐用量 100~105 克/米^2，撒施范围不少于 80 厘米×60 厘米。

6.2 定植前棚室表面消毒和土壤消毒技术

6.2.1 定植前棚室表面消毒

可采用日光高温闷棚或者药剂处理。具体方法参照 6.1.1。

6.2.2 定植前棚室土壤太阳能高温消毒

如果上茬作物土传病害比较严重，可以在定植前进行土壤消毒处理。在 7—8 月设施种植的空茬期，深翻土壤 30~40 厘米，每亩加入碎玉米秸秆 300~500千克、生鸡粪或生牛粪 4 米^3，与土壤翻耕均匀，浇透水，之后地表覆透明塑料膜，四周压实，视天气情况密闭闷棚 30~45 天。

6.3 生长期综合防控技术

6.3.1 遮阳网防病技术

为预防病毒病和生理性病害，在高温季节可采用遮阳网技术。生产上通常使用三针的黑色遮阳网，透光率在 60%左右。

6.3.2 防虫网阻隔防虫技术

定植前在棚室出入口处和通风口完全覆盖防虫网，可有效控制各类害虫进入棚室内部。蝶类、蛾类害虫选择 20 ~30 目，粉虱、蚜虫、斑潜蝇等害虫选择 40 ~50 目。

6.3.3 色板诱杀害虫技术

在定植后分别挂设 3 块/亩黄板和蓝板，用于监测害虫发生动态。害虫发生后，挂设 25 厘米×30 厘米色板 30 块/亩，或 30 厘米×40 厘米色板 20 块/亩。色板下缘应高出蔬菜顶部 10~20 厘米。

6.3.4 消毒垫（池）防病技术

参照 6.1.4。

6.3.5 节水灌溉防病技术

推荐使用滴灌、膜下暗灌等水肥一体化节水灌溉措施，减少用水量、减少水分蒸发，有效降低空气湿度，减少植株表面结露，延缓和预防病害发生，减轻病害发生程度。

6.3.6 天敌控虫技术

在蚜虫发生初期（点片阶段），在田间释放异色瓢虫，瓢虫与蚜虫的比例为 1：(30~60)，每亩放置 70~100 个卵卡或 500~1 000头成虫，整个生长季释放 3 次。

6.4 科学用药技术

6.4.1 斑枯病、叶斑病防控

在发病前至发病初期，选用 25%咪鲜胺乳油 50~70 毫升/亩和 10%苯醚甲环唑水分散粒剂 60~80 克/亩，兑水均匀喷雾，视病情隔 7~10 天喷一次，施药 2~3 次。

6.4.2 蚜虫防控

喷施 10%啶虫脒乳油 12~18 毫升/亩、25%噻虫嗪水分散粒剂 4~8 克/亩或 50%吡蚜酮可湿性粉剂 14.0~16.8 克/亩喷雾防治。

6.4.3 高效施药技术

优先选用常温烟雾施药机、弥雾机、弥粉机、静电喷雾器等精准高效施药器械施药，提高农药利用率和防治效果，减少农药对环境的污染。

6.5　产后植株残体处理技术

各园区可利用已有的沼气发酵站等设备进行处理，或是采用蔬菜秸秆直接还田消毒、生物秸秆反应堆、蔬菜秸秆蚯蚓处理、蔬菜秸秆常规堆肥、纳米膜智能发酵等技术进行处理。详见附录 A-4。

附录 B-8　设施结球生菜减肥减药技术规程

结球生菜又叫西生菜、结球莴苣。根系浅，须根发达，主要分布在 20~30 厘米土层，再生力强，移栽后易成活。是半耐寒性蔬菜，喜冷凉，忌高温。

本规程适用于秋冬茬设施结球生菜生产。

1　茬口安排

秋冬茬于 8 月上旬播种育苗，在 9 月中下旬定植，11 月下旬采收。

2　品种选择与播种

2.1　品种选择

2.1.1　种子质量符合 GB 16715《瓜菜作物子》要求。

2.1.2　可选京郊常见种植品种，如射手 101、拳王 201、铁人等。

2.2　播种量

每亩用种量 20 克左右。

2.3　播种方法

种子用 52℃温水浸种 30 分钟。采用穴盘育苗，每穴播 1~2 粒种，然后上覆盖 0.5 厘米厚的基质。

3　苗期管理

3.1　温度

苗期温度管理指标见表 B-8-1。

表 B-8-1　结球生菜苗期温度管理指标　（单位：℃）

时期	昼温	夜温
播种—齐苗	20~25	15~18
齐苗—成苗	18~25	10~12
定植前 5~7 天	15~20	5~8

3.2　光照

采取遮阳网、苇帘等适当遮光降温。

3.3　水分

苗期保持基质湿润。

4　定植

4.1　定植前整地施肥

对土壤进行深翻，后用旋耕机松动耕作层。建议采用小高畦，做成宽 80~90 厘米，高出地面 15~20 厘米的瓦垄高畦。

4.2　定植移栽

在地膜上打孔定植，栽植深度以不埋住心叶为宜。定植行距为 30~40 厘米，株距为 30~35 厘米，每亩定植 4 000~5 000株。一般栽后 5~6 天可缓苗。

5　田间管理

5.1　中耕松土

结合培土和清除田间杂草，中耕松土 1~2 次。

5.2　肥水管理

5.2.1　施肥原则

使用肥料应符合 NY/T 496《肥料合理使用准则　通则》的规定。禁止使用未经国家或省级农业部门登记的化肥和生物肥料，以及重金属含量超标的有机肥和矿质肥。

5.2.2　养分需求规律

一般认为，每生产 1 000 千克结球生菜需要的养分是氮（N）3.7 千克、磷（P）1.45 千克、钾（K）3.28 千克。结球生菜生长迅速，喜氮肥，生长初期吸肥量较小，在播后 70~80 天进入结球期，养分吸收量急剧增加，在结球期的 1 个月里，氮的吸收量可以占到全生育期的 80%以上。磷、钾的吸收与氮相似，尤其是钾的吸收，不仅吸收量大，而且一直持续到收获。

5.2.3 施肥技术

目标产量 2 500~3 000 千克/亩，高产、低产田施肥量根据实际情况酌情增减，如表 B-8-2 所示。

表 B-8-2 结球生菜各生育期施肥推荐

施肥时期	施肥措施
底肥	腐熟农家肥（优先选择牛粪、羊粪类有机肥）2 米^3/亩或商品有机肥 1 吨/亩；一般不施底化肥，中低肥力地块施用专用肥（18-9-18）10~20 千克/亩
莲座期	追施水溶肥（20-10-20）1 次，3~5 千克/亩
结球中期	追施水溶肥（20-10-20）5~8 千克/亩，硝酸钙 3~5 千克/亩

5.2.4 水分管理

提倡滴灌、膜下微喷、地面微喷等节水灌溉施肥技术，做到控水控肥，提质增产。定植后滴灌透水，保证苗成活，灌水量不超过 10 米^3/亩；前期适当控水，让根系向下生长，促进壮苗；中后期根据植株长势情况灌溉，每次灌溉量不超过 5 米^3。

5.2.5 光照管理

设施生产过程中需要足够的光照，需定时清扫棚膜，提高透光率。

5.3 收获

产品达到商品要求后及时采收。

5.4 清洁田园

上茬收获后，将残株和杂草及时清理干净，集中进行无害化处理，保持田园清洁。

6　病虫害防治

6.1　无病虫育苗技术

6.1.1　苗棚表面消毒

可采用日光高温闷棚或者药剂处理。

6.1.1.1　日光高温闷棚。夏季可使用日光高温闷棚消毒，确保棚内温度达到55℃以上，闷棚4~5天。

6.1.1.2　药剂处理。在育苗前清除棚内杂草和植株残体。根据病虫发生情况选用杀虫剂和杀菌剂处理棚室表面。推荐使用熏蒸性药剂或烟剂，消毒效果好，如20%异硫氰酸烯丙酯（辣根素）水乳剂1升/亩熏蒸处理，或硫黄粉500克/亩和30%敌敌畏烟剂300克/亩，或15%腐霉・百菌清烟剂200克/亩配合熏蒸处理等。如无熏蒸性药剂，也可用其他剂型药剂均匀喷洒棚室土壤、墙壁、棚膜、缓冲间（耳房）等棚室表面。

6.1.2　色板技术

应在出苗后悬挂黄板诱杀蚜虫、粉虱、斑潜蝇等害虫，悬挂蓝板诱杀蓟马等害虫。悬挂色板高度高出蔬菜顶部叶片5厘米，每亩挂设25厘米×30厘米色板30块，或30厘米×40厘米色板20块。

6.1.3　防虫网技术

在育苗棚室的门口和通风口分别设置40~50目防虫网，将出入口、风口完全覆盖，以阻隔害虫传入。必须在棚室消毒和育苗前设置，不能等害虫进入后再设置。

6.1.4　消毒垫（池）技术

对进出棚室的人员鞋底进行消毒处理，避免由于人为进出棚室传播根结线虫病、枯萎病、根腐病、疫病等土传病害。推荐在棚室入口处设置消毒池或放置浸有消毒液的消毒垫，消毒液可选用双链季铵盐类、含氯消毒剂等，定期补充。也可选用生石灰消毒，推荐用量100~105克/米^2，撒施范围不少于80厘米×60厘米。

6.2 定植前棚室表面消毒和土壤消毒技术

6.2.1 定植前棚室表面消毒

可采用日光高温闷棚或者药剂处理。具体方法参照 6.1.1。

6.2.2 定植前棚室土壤消毒

如果上茬土传病害比较重，可以在定植前进行土壤消毒处理。主要方法是太阳能高温消毒技术，在 7—8 月设施种植的空茬期，深翻土壤 30~40 厘米，每亩加入碎玉米秸秆 300~500 千克、生鸡粪或生牛粪 4 米^3，与土壤翻耕均匀，浇透水，之后地表覆透明塑料膜，四周压实，视天气情况密闭闷棚 30~45 天。

6.3 生长期综合防控技术

6.3.1 遮阳网防病技术

为预防病毒病和生理性病害，在高温季节可采用遮阳网技术。生产上通常使用三针的黑色遮阳网，透光率在 60%左右。

6.3.2 防虫网阻隔防虫技术

定植前在棚室出入口处和通风口完全覆盖防虫网，可有效控制各类害虫进入棚室内部。蝶类、蛾类害虫选择 20~30 目，粉虱、蚜虫、斑潜蝇等害虫选择 40~50 目。

6.3.3 色板诱杀害虫技术

在定植后分别挂设 3 块/亩黄板和蓝板，用于监测害虫发生动态。害虫发生后，挂设 25 厘米×30 厘米色板 30 块/亩，或 30 厘米×40 厘米色板 20 块/亩。色板下缘应高出蔬菜顶部 10~20 厘米。

6.3.4 消毒垫（池）防病技术

参照 6.1.4。

6.3.5 节水灌溉防病技术

推荐使用滴灌、膜下暗灌等水肥一体化节水灌溉措施，减少用水量、减少水分蒸发，有效降低空气湿度，减少植株表面结露，延缓和预防病害发生，减轻病害发生程度。

6.3.6　天敌控虫技术

在蚜虫发生初期（点片阶段），在田间释放异色瓢虫，瓢虫与蚜虫的比例为 1：(30～60)，每亩放置 70～100 个卵卡或 500～1 000头成虫，整个生长季释放 3 次。

6.4　科学用药技术

6.4.1　农药防控技术

6.4.1.1　霜霉病防控，在发病前至发病初期，可使用 25%吡唑醚菌酯悬浮剂 30～40 毫升/亩或 80%烯酰吗啉水分散粒剂 25～35 克/亩，兑水均匀喷雾，视病情隔 7～10 天喷一次，施药 2～3 次。

6.4.1.2　蚜虫防控，选用合适药剂喷雾防治。

6.4.2　高效施药技术

优先选用常温烟雾施药机、弥雾机、弥粉机、静电喷雾器等精准高效施药器械施药，提高农药利用率和防治效果，减少农药对环境的污染。

6.5　产后植株残体处理技术

各园区可利用已有的沼气发酵站等设备进行处理，或是采用蔬菜秸秆直接还田消毒、生物秸秆反应堆、蔬菜秸秆蚯蚓处理、蔬菜秸秆常规堆肥、纳米膜智能发酵等技术进行处理。详见附录 A-4。

附录 B-9　设施小油菜和菠菜减肥减药技术规程

小油菜又称不结球白菜，菠菜喜冷凉，属于耐寒性蔬菜，两者为速生叶菜。

本规程适用于设施果菜—速生叶菜轮作模式。

1　茬口安排

小油菜和菠菜生产主要采用与果菜倒茬轮作模式。秋茬小油菜和菠菜可在 8 月下旬果菜收获后直播，9 月下旬采收。春茬小油菜和菠菜可在 1 月下旬芹菜收获后直播，2 月下旬采收。

2　品种选择与播种

2.1　种子质量符合 GB 16715《瓜菜作物种子》要求。

2.2　选用抗病、优质丰产、抗逆性强、适应性广、商品性好的品种，如春油 3 号、京绿 2 号、京冠 1 号、华冠、五月蔓、四月蔓、北京青帮油菜，京菠 3 号、京菠 5 号、日本超能菠菜、菠杂 58 号、美国大圆叶菠菜等。

3　整地

对土壤进行深翻，翻耕混匀。采用平畦或者开沟直播。小油菜畦宽 1.5~2.0 米，菠菜畦宽 1.0~1.2 米，畦面应平整；或者按 15~20 厘米行距开沟播种。

4　播种与定苗

4.1　播种方式及用量

菠菜种子在播种前需进行温汤浸种消毒，然后浸种 12 小时，将种子捞出后用湿毛巾覆盖置于阴凉处保湿催芽，每天用清水淋洗一次，经 3~5 天种子露白即可播种。采用直播方式。小油菜每亩用种量 0.5~1 千克。菠菜每亩用种量 4~5 千克即可。

4.2　定苗

播种后用耙子将土地搂平，轻踩镇压，浇透水。根据生长情况，保持土壤湿润，真叶展开后间苗 2~3 次，3~4 片真叶时按株距 10~15 厘米定苗。

5　田间管理

5.1　中耕松土

结合培土和清除田间杂草，中耕松土 1~2 次。

5.2　肥水管理

5.2.1　施肥原则

使用肥料应符合 NY/T 496《肥料合理使用准则　通则》的规定。禁止使用未经国家或省级农业部门登记的化肥和生物肥料，以及重金属含量超标的有机肥和矿质肥。

5.2.2　养分需求规律

每 1 000 千克小油菜需要氮（N）2.7~3.0 千克、磷（P）0.7~1.3 千克、钾（K）1.7~2.3 千克。每 1 000千克菠菜需要吸收氮（N）2.5 千克、磷（P）0.9 千克、钾（K）5.3 千克。

5.2.3　施肥技术

果菜—速生叶菜模式中，小油菜，可底施商品有机肥 500~800 千克/亩，尿素 5 千克/亩，不追肥。菠菜底施商品有机肥 500~800 千克/亩，4~5 片真叶时，随水追施水溶肥（30-10-10）1 次，4 千克/亩；生长中后期，随水追施水溶肥（16-8-34）1 次，4 千克/亩。

5.2.4　水分管理

提倡东西向轻简栽培模式，采用滴灌、膜下微喷、地面微喷等节水灌溉措施，做到控水控肥，提质增产。定植后滴灌透水，保证苗成活，灌水量不超过 10 米^3/亩；前期适当控水，让根系向下生长，促进壮苗；中后期根据植株长势情况灌溉，每次灌溉量不超过 5 米^3/亩。

5.2.5　光照管理

设施生产过程中需要足够的光照，需定时清扫棚膜，提高透光率。

5.3　收获

产品达到商品要求后及时采收。

6　病虫害防治

6.1　无病虫育苗技术

6.1.1　苗棚表面消毒

可采用日光高温闷棚或者药剂处理。

6.1.1.1　日光高温闷棚：夏季可使用日光高温闷棚消毒，确保棚内温度达到55℃以上，闷棚4~5天。

6.1.1.2　药剂处理：在育苗前清除棚内杂草和植株残体。根据病虫发生情况选用杀虫剂和杀菌剂处理棚室表面。推荐使用熏蒸性药剂或烟剂，消毒效果，如20%异硫氰酸烯丙酯（辣根素）水乳剂1升/亩熏蒸处理，或硫黄粉500克/亩和30%敌敌畏烟剂300克/亩，或15%腐霉·百菌清烟剂200克/亩配合熏蒸处理等。如无熏蒸性药剂，也可用其他剂型药剂均匀喷洒棚室土壤、墙壁、棚膜、缓冲间（耳房）等棚室表面。

6.1.2　色板技术

应在出苗后悬挂黄板诱杀蚜虫、粉虱、斑潜蝇等害虫，悬挂蓝板诱杀蓟马等害虫。悬挂色板高度高出蔬菜顶部叶片5厘米，每亩挂设25厘米×30厘米色板30块，或30厘米×40厘米色板20块。

6.1.3　防虫网技术

在育苗棚室的门口和通风口分别设置40~50目防虫网，将出入口、风口完全覆盖，以阻隔害虫传入。必须在棚室消毒和育苗前设置，不能等害虫进入后再设置。

6.1.4　消毒垫（池）技术

对进出棚室的人员鞋底进行消毒处理，避免由于人为进出棚室传播根结线虫病、枯萎病、根腐病、疫病等土传病害。推荐在棚室入口处设置消毒池或放置浸有消毒液的消毒垫，消毒液可选用双链季铵盐类、含氯消毒剂等，定期补充。也可选用生石灰消毒，推荐用量 100～105 克/米^2，撒施范围不少于 80 厘米×60 厘米。

6.2　定植前棚室表面消毒和土壤/基质消毒技术

6.2.1　定植前棚室表面消毒

可采用日光高温闷棚或者药剂处理。具体方法参照 6.1.1。

6.2.2　定植前棚室土壤消毒

如果上茬作物土传病害比较严重，可以在定植前进行土壤消毒处理。主要方法有太阳能高温消毒和针对性药剂处理等。

6.2.2.1　太阳能高温消毒。在 7—8 月设施种植的空茬期，深翻土壤 30～40 厘米，每亩加入碎玉米秸秆 300～500 千克、生鸡粪或生牛粪 4 米^3，与土壤翻耕均匀，浇透水，之后地表覆透明塑料膜，四周压实，视天气情况密闭闷棚 30～45 天。

6.2.2.2　针对性药剂处理。针对单一土壤病害，选择登记的针对性药剂进行灌根或穴施等处理。

6.3　生长期综合防控技术

6.3.1　遮阳网防病技术

为预防病毒病和生理性病害，在高温季节可采用遮阳网技术。生产上通常使用三针的黑色遮阳网，透光率在 60%左右。

6.3.2　防虫网阻隔防虫技术

定植前在棚室出入口处和通风口完全覆盖防虫网，可有效控制各类害虫进入棚室内部。蝶类、蛾类害虫选择 20～30 目，粉虱、蚜虫、斑潜蝇等害虫选择 40～50 目。

6.3.3 色板诱杀害虫技术

在定植后分别挂设 3 块/亩黄板和蓝板，用于监测害虫发生动态。害虫发生后，挂设 25 厘米×30 厘米色板 30 块/亩，或 30 厘米×40 厘米色板 20 块/亩。色板下缘应高出蔬菜顶部 10~20 厘米。

6.3.4 消毒垫（池）防病技术

参照 6.1.4。

6.3.5 节水灌溉防病技术

推荐使用滴灌、膜下暗灌等水肥一体化节水灌溉措施，减少用水量、减少水分蒸发，有效降低空气湿度，减少植株表面结露，延缓和预防病害发生，减轻病害发生程度。

6.3.6 天敌控虫技术

6.3.6.1 在蚜虫发生初期（点片阶段），在田间释放异色瓢虫，瓢虫与蚜虫的比例为 1 :（30~60），每亩放置 70~100 个卵卡或 500~1 000头成虫，整个生长季释放 3 次。

6.3.6.2 在蓟马发生初期释放小花蝽，按照小花蝽与蓟马比例为 1 :（20~30），均匀释放。

6.4 科学用药技术

6.4.1 农药防控技术

6.4.1.1 霜霉病防控，在发病前至发病初期，可选用 66.5%霜霉威盐酸盐水剂等药剂兑水均匀喷雾，视病情隔 7~10 天喷一次，施药 2~3 次。

6.4.1.2 蚜虫防控，可选用 25%吡蚜酮可湿性粉剂或 5%啶虫脒乳油等药剂喷雾防治。

6.4.2 高效施药技术

优先选用常温烟雾施药机、弥雾机、弥粉机、静电喷雾器等精准高效施药器械施药，提高农药利用率和防治效果，减少农药对环境的污染。

6.5　产后植株残体处理技术

各园区可利用已有的沼气发酵站等设备进行处理，或是采用蔬菜秸秆直接还田消毒、生物秸秆反应堆、蔬菜秸秆蚯蚓处理、蔬菜秸秆常规堆肥、纳米膜智能发酵等技术进行处理。详见附录 A-4。

附录 B-10　设施草莓减肥减药技术规程

草莓属浅根系作物，70%根系分布在地表 20 厘米内的土层中，易受干燥、暑热、寒冷的影响。适宜在中性或微酸性土壤中生长，适宜 pH 值为 5.5~6.5。

1　茬口安排

草莓均为设施温室生产，一般从 8 月下旬至 9 月上旬开始定植，一直到翌年 5 月下旬至 6 月上旬拉秧，整个生长周期较长。

2　品种选择

促成栽培常选用红颜、章姬、点雪、隋珠、圣诞红、京藏香、京承香等。

3　定植

3.1　定植前的准备

3.1.1　整地起垄

整地前施入基肥，具体见 4.4。整棚撒施底肥后将肥料翻入土中，旋耕两遍，使土壤和肥料充分混合，翻耕深度 30 厘米左右，地面平整、没有明暗坷垃后做垄。做畦在定植前 5~7 天进行，一般采用高垄（畦）栽培，垄（畦）面宽 40 厘米，垄（畦）底宽 60 厘米，高为 30~35 厘米，垄（畦）距 90~100 厘米，沟宽 40 厘米。

3.1.2　土壤消毒

草莓忌重茬，但温室栽培难以倒茬，为减少病害，在种植前应进行消毒处理。可以采用太阳能高温消毒或棉隆消毒处理等方法。

3.1.2.1　太阳能高温消毒。在 7—8 月设施种植的空茬期，深翻土壤 30~40 厘米，每亩加入碎玉米秸秆 300~500 千克、生鸡粪或生牛粪 4 米^3，与土壤翻耕均匀，浇透水，之后地表覆透明塑料膜，四周压实，视天气情况密闭闷棚 30~45 天。

3.1.2.2　棉隆消毒处理。土壤施好底肥后深翻整平，旋耕机打地，然后将棉隆均匀地撒在地表，再翻地一次、浇水后立即用塑料布覆盖，要确保塑料布没有破损，且四边用土压实，密封好。注意不能用地膜等太薄的塑料布，密封期保证在 12 天以上，完成后揭去塑料布，通风透气 7~10 天。

3.2　选苗与定植密度

在处暑到白露之间定植最好，选择 4~5 片叶，茎粗 0.8 厘米以上，根系发达的壮苗定植。欧美品种株距 20~25 厘米，日系品种株距 18~20 厘米，定植时采用双行丁字形交错方式进行。亩定植 7 000~9 000 株，定植时注意“深不埋心，浅不露根”。

4　田间管理

4.1　温度调节

4.1.1　各物候期温度要求

扣棚保温初期：白天保持 28~30℃，超过 30℃要逐步加大通风换气；夜间保持 12~15℃，不低于 8℃。

现蕾期：白天保持 25~28℃；夜间保持 10~12℃，夜温不能高于 13℃，否则影响腋花芽发育。

花期：对温度的要求较严格，白天保持 23~25℃，夜间保持 8~10℃。

果实膨大期：白天保持 22~28℃，夜间保持 5~8℃。夜温 10℃以上时植株消耗养分多，果实膨大受影响。

果实采收期：白天保持 20~25℃，夜间保持 5~8℃。

4.1.2　保温措施

4.1.2.1　覆盖棚膜。当外界夜间气温降至 8~10℃时开始保温，10 月中下旬为保温适期（扣棚适期）。保温过早室内温度高，不利于腋花芽分化；过晚，植株休眠，造成植株矮化，不利于正常结果。棚膜最好选用透光性好的聚氯乙烯长寿无滴膜或 PO 膜，以增加温室内的温度和光照强度。

4.1.2.2 覆盖地膜。一般选择黑色地膜。铺设地膜可以保持土壤水分，抑制杂草滋生，降低大棚内的空气湿度，隔绝草莓果实与土壤的接触减少病害，保持果实色泽鲜艳、清洁卫生。地膜的铺设时间一般为扣棚后 7~10 天。铺膜尽量选择下午进行，铺膜后尽快掏出草莓植株。压住地膜的边缘，使其紧贴地面。

4.1.2.3 温度调节方法。主要靠放风，即通过调节放风口大小、放风时间来调节温度。一般放风口要分次逐渐开启，避免骤然放风伤及幼苗。

4.2 湿度调节

4.2.1 土壤湿度调节

距离土壤表面 20 厘米内土层的适宜土壤相对含水量：现蕾前 80%~90%，现蕾期 70%~80%，开花期 60%~70%，果实膨大期 80%~90%，果实成熟期 70%~80%。

4.2.2 空气湿度调节

草莓不同生育时期对空气相对湿度的要求为：现蕾期 60%~70%，开花期 40%~50%，果实成熟期 60%~70%。要结合温度管理调节湿度，同时可通过全棚覆盖地膜或垄沟内覆草控制湿度。

4.3 光照管理

设施生产过程中需要足够的光照，需定时清扫棚膜，提高透光率。还可悬挂补光灯进行补光，延长光照时间。

4.4 肥水管理

4.4.1 施肥原则

使用肥料应符合 NY/T 496《肥料合理使用准则　通则》的规定。禁止使用未经国家或省级农业部门登记的化肥和生物肥料，以及重金属含量超标的有机肥和矿质肥。

4.4.2　养分需求规律

每生产 1 000 千克草莓，需要吸收氮（N）6～10 千克、磷（P）2.5～4.0 千克、钾（K）9～13 千克。草莓开花挂果后进入养分需求旺盛时，其间对养分的吸收量占生育期养分需求量的 90%左右。

4.4.3　施肥技术

4.4.3.1　底肥选择与用量推荐。草莓促成栽培结果期长，产量高，对养分需求较大，施足底肥对草莓的优质丰产很重要。新菜田可施用 8～10 米^3/亩粗杂有机肥，或 4～5 米^3/亩粪肥（禽类粪肥），或商品有机肥 1.5～2 吨/亩，搭配化肥 15～20 千克（尽量选用低磷化肥品种）。老菜田选用含秸秆丰富、经过堆沤发酵的粪肥 3～4 米^3/亩（畜类粪肥或畜禽掺混类粪肥），或商品有机肥 1～2 吨/亩，也可亩施 40～60 千克生物菌肥。连续种植草莓 3 年以上要检测土壤养分情况，视情况减少底肥用量。

4.4.3.2　土壤障碍。存在重茬、次生盐渍化、酸化等障碍的土壤，定植后，将抗重茬剂（绿康威）随水施用，亩施 4 千克，连续 2～3 次；或定植前，在地表喷施 30 千克/亩禾康土壤调理剂，或有条件的可进行一次大水洗盐，或施用生石灰。有些连作障碍严重的老菜田采用秸秆生物反应堆技术效果很好。

4.4.3.3　追肥选择。追肥采取“少量多次”的原则，详见表 B-10-1。

表 B-10-1　草莓各生育期追肥推荐用量

生育期	肥料	推荐用量
缓苗后—开花前期	高氮型滴灌专用肥（如 N-P_2O_5-K_2O 为 30-10-10 或 20-10-20），或氮磷钾配方相近的完全水溶性肥料	根据草莓苗长势，7～10 天追施一次，2～3 千克/（次·亩）

（续表）

生育期	肥料	推荐用量
开花末期—幼果期	高钾型滴灌专用肥（如 N-P_2O_5-K_2O 为 17-7-26、18-3-29 或 18-5-27），或氮磷钾配方相近的完全水溶性肥料	7～10 天追施一次，2～3 千克/（次·亩）
膨果期—盛果期	高钾型滴灌专用肥（如 N-P_2O_5-K_2O 为 15-4-31 或 16-8-34），或氮磷钾配方相近的完全水溶性肥料	7～10 天追施一次，3～5 千克/（次·亩），每茬果实采收后根据植株长势追施 1 次（20-10-20）水溶肥，促进植株生长

草莓坐果前及每茬果实采收后可适当补充含氨基酸或腐植酸水溶肥，促进根系生长，每次用量 2～3 升/亩。根据苗情叶面喷施 0.3%磷酸二氢钾加碧护 5 000 倍液，提高坐果率、果重及含糖量。

4.4.3.4 中微量元素。草莓对中量元素钙、镁的吸收量较大，超过对磷的吸收量，每生产 1 000 千克草莓需要吸收钙（CaO）5.1 千克，镁（MgO）5.1 千克。坐果后全生育期补充 3～5 次全水溶性硝酸钙，每次 2～3 千克/亩。花期随水微灌追硼砂 1 次，0.5 千克/（次·亩），或者叶片喷施硼肥 1 次。草莓在生育期会偶尔出现新叶黄化缺铁症状，注意补充螯合铁肥，钾肥施用过多会出现叶脉间失绿缺镁症状，注意调减钾肥用量并适当滴灌镁肥。

4.4.4 水分管理

草莓需水较多，一颗草莓在整个生育期大约需水 15 升，宜采用膜下滴灌。定植尽量在上午 9 时前或下午 5 时后，浇透水，一般浇水 20 分钟。扣棚前期外界气温高，灌水应在傍晚进行；后期内外气温均较低，灌水在上午进行。灌水后先提高室温，而后加大放风量，降低湿度。浇水不能过勤，每次应灌透。覆盖地膜后以

"湿而不涝，干而不旱"为原则，保持适宜的土壤相对含水量。开花前一周左右要控制浇水，开花后 10 天左右结合施肥浇水一次。

4.5　植株管理

4.5.1　摘叶和除匍匐茎

摘除下部老叶、黄叶和病叶，及时摘除匍匐茎，并将摘除的匍匐茎、老叶、病叶及时清出棚室，集中处理。

4.5.2　除侧芽

在顶花序抽生后，每株选留 1~2 个方位好且粗壮的新芽，其余全部抹除。

4.5.3　疏花疏果

植株开花过多，消耗营养，为了获得较高品质的果实，应采取疏花疏果措施。及时摘除花序上的高级次无效花、无效果和畸形果，每个花序保留果实 3~6 个。采收结束后的花序要及时摘除。

5　病虫害防治

5.1　无病虫育苗

5.1.1　苗棚表面消毒

在育苗前清除棚内杂草和植株残体，根据病虫发生情况选用杀虫剂和杀菌剂处理棚室表面。推荐使用熏蒸性药剂或烟剂，消毒效果好，如 20%异硫氰酸烯丙酯（辣根素）水乳剂 1 升/亩熏蒸处理，或硫黄粉 500 克/亩和 30%敌敌畏烟剂 300 克/亩，或 15%腐霉·百菌清烟剂 200 克/亩配合熏蒸处理等。如无熏蒸性药剂，也可用其他剂型药剂均匀喷洒棚室土壤、墙壁、棚膜、缓冲间（耳房）等棚室表面。

5.1.2　色板技术

悬挂黄板诱杀蚜虫、粉虱、斑潜蝇等害虫，悬挂蓝板诱杀蓟马等害虫。悬挂色板高度高出草莓叶片顶部 5~10 厘米，每亩挂设 25 厘米×30 厘米色板 30 块，或 30 厘米×40 厘米色板 20 块。

5.1.3 防虫网技术

在育苗棚室的门口和通风口分别设置40～50目防虫网，将出入口、风口完全覆盖，以阻隔害虫传入。必须在棚室消毒和育苗前设置，不能等害虫进入后再设置。预防黄化曲叶病毒病时建议使用50目防虫网。

5.1.4 消毒垫（池）技术

对进出棚室的人员鞋底进行消毒处理，避免由于人为进出棚室传播枯萎病、根腐病等土传病害。推荐在棚室入口处设置消毒池或放置浸有消毒液的消毒垫，消毒液可选用双链季铵盐类、含氯消毒剂等，定期补充。也可选用生石灰消毒，推荐用量100～105克/米^2，撒施范围不少于80厘米×60厘米。

5.2 定植前棚室表面消毒

5.2.1 日光高温闷棚。夏季可使用日光高温闷棚消毒，确保棚内温度达到55℃以上，闷棚4～5天。

5.2.2 药剂处理。清除棚内杂草和植株残体。根据病虫发生情况选用杀虫剂和杀菌剂处理棚室表面。推荐使用熏蒸性药剂或烟剂，消毒效果好，如20%异硫氰酸烯丙酯（辣根素）水乳剂1升/亩熏蒸处理，或硫黄粉500克/亩和30%敌敌畏烟剂300克/亩，或15%腐霉·百菌清烟剂200克/亩配合熏蒸处理等。如无熏蒸性药剂，也可用其他剂型药剂均匀喷洒棚室土壤、墙壁、棚膜、缓冲间（耳房）等棚室表面。

5.3 生长期综合防控

5.3.1 遮阳网防病技术

为预防病毒病和生理性病害，在高温季节可采用遮阳网技术。草莓生产上通常使用三针的黑色遮阳网，透光率在60%左右。

5.3.2 防虫网阻隔防虫技术

在定植后安装棚膜前，在棚室出入口处和通风口完全覆盖防虫网，可有效控制各类害虫进入棚室内部。蝶类、蛾类害虫选择 20~30 目，粉虱、蚜虫、斑潜蝇等害虫选择 40 ~50 目。

5.3.3　色板诱杀害虫技术

在安装棚膜后分别挂设 3 块/亩黄板和蓝板，用于监测害虫发生动态。害虫发生后，挂设 25 厘米×30 厘米色板 30 块/亩，或 30 厘米×40 厘米色板 20 块/亩。色板下缘应高出草莓顶部 10 ~ 20 厘米。

5.3.4　消毒垫（池）防病技术

参照 5.1.4。

5.3.5　节水灌溉防病技术

推荐使用滴灌措施，减少用水量、减少水分蒸发，有效降低空气湿度，减少植株表面结露，延缓和预防病害发生，减轻病害发生程度。

5.3.6　硫黄熏蒸防病技术

硫黄熏蒸技术主要用于草莓白粉病的预防。一般配合电热式硫黄熏蒸器使用，温室内每亩均匀放置 6~8 个熏蒸器，高度距离地面 1.5 米，并在熏蒸器上方 80 厘米设置防护罩，以免棚膜受损。每次硫黄用量 20~40 克，硫黄投放量不超过钵体的 2/3，以免沸腾溢出。使用时间推荐在晚上 6—10 时，保持棚室密闭至少 5 小时，次日及时进行通风换气。

5.3.7　天敌控虫技术

5.3.7.1　在红蜘蛛发生早期（密度为每片叶 1~2 头），按照益害比 1：20 淹没式释放，每亩 2~3 瓶；2 周后重复释放一次，叶螨为害严重时（密度为每片叶 1 000头），按 60 头/株释放。

5.3.7.2　在蚜虫发生初期（点片阶段），在田间释放异色瓢虫，瓢虫与蚜虫的比例为 1：(30 ~ 60)，每亩放置 70 ~ 100 个卵卡或 500~1 000头成虫，整个生长季释放 3 次。

5.3.7.3 在蓟马发生初期释放小花蝽，按照小花蝽与蓟马比例为1：(20~30)，均匀释放。

5.3.8 蜜蜂授粉技术

草莓蜜蜂授粉技术应符合 NY/T 3263.1《主要农作物蜜蜂授粉及病虫害绿色防控技术规程 第 1 部分：温室果蔬（草莓、番茄）》的相关要求。草莓植株 5%左右开花时，将授粉蜂群移入棚室中。一般每亩日光温室放 1 箱蜜蜂，蜜蜂数量在 7 000~8 000 只，适宜温度保持在 14~30℃。蜂箱放在温室的中间部位，距离地面 0.5~0.8 米。应用蜜蜂授粉时应严格控制农药使用，禁止使用吡虫啉、噻虫嗪、高效氟氯氰菊酯等对蜜蜂高毒、持效期长的农药，优先采用物理、生态、生物等非药剂方式控制病虫，如确需使用农药应选择枯草芽孢杆菌、苦参碱、联苯肼酯等对蜜蜂风险性小的农药种类，施药时将蜂箱搬出棚室，安全间隔期过后再搬回棚室。

5.4 科学用药

开花前应进行药剂预防 1~2 次。优先采用烟熏法和粉尘法，在干燥晴朗天气可喷雾防治，优先选用常温烟雾施药机、弥雾机、弥粉机、静电喷雾器等精准高效施药器械施药。采果期，应遵守农药使用安全间隔期规定，先采果后喷药，同时注意轮换用药，合理混用。具体病虫害药剂防治方法如下。

5.4.1 白粉病防控，在发病前至发病初期，可选用 1 000亿芽孢/克枯草芽孢杆菌可湿性粉剂 40~60 克/亩、30%苯甲·嘧菌酯悬浮剂 1 000~1 500倍液或 30%氟菌唑可湿性粉剂 15~20 克/亩，兑水均匀喷雾，视病情隔 7~10 天喷一次。

5.4.2 红蜘蛛防控，可选用 0.5%藜芦碱可溶液剂 120~140 克/亩或 43%联苯肼酯悬浮剂 15~20 毫升/亩，叶面喷雾。

5.4.3 防治蚜虫，可选用 1.5%苦参碱可溶液剂 40~46 毫升/亩，叶面喷雾。

5.5　产后植株残体处理

各园区可利用已有的沼气发酵站等设备进行处理，或是采用蔬菜秸秆直接还田消毒、生物秸秆反应堆、蔬菜秸秆蚯蚓处理、蔬菜秸秆常规堆肥、纳米膜智能发酵等技术进行处理。详见附录 A-4。

参考文献

曹宁，陈新平，张福锁，等，2007. 从土壤肥力变化预测我国未来磷肥需求［J］. 土壤学报，44（3）：536-543.

陈防，张过师，2015. 农业可持续发展中的“4R”养分管理研究进展［J］. 中国农学通报（23）：245-250.

陈利顶，傅伯杰，2000. 农田生态系统管理与非点源污染控制［J］. 环境科学学报，21（2）：98-100 .

郭春霞，沈根祥，黄丽华，等，2009. 精确滴灌施肥技术对大棚土壤盐渍化和氮磷流失控制的研究［J］. 农业环境科学学报，28（2）：291-297.

贾小红，等，2010. 有机肥加工与施用［M］. 北京：化学工业出版社.

蒋鸿昆，高海鹰，张奇，2006. 农业面源污染最佳管理措施（BMPs）在我国的应用［J］. 农业环境与发展（4）：64-67.

金强，杜晓玉，文方芳，等，2021. 包膜尿素掺混肥料在露地西蓝花上一次性底施的应用效果［J］. 中国农技推广，37（6）：66-69.

巨晓棠，谷保静，2017. 氮素管理的指标［J］. 土壤学报，54（2）：281-296.

李隆，2016. 间套作强化农田生态系统服务功能的研究进展与应用展望［J］. 中国生态农业学报，24（4）：403-415.

李云龙，郑建秋，夏陆欣，等，2016. 北京市蔬菜病虫害专业化防控实践与服务模式探索［J］. 中国植保导刊，36（5）：75-78.
李云龙，郑建秋，郑翔，等，2014. 北京市蔬菜病虫害专业化防治探索与展望［J］. 中国植保导刊，34（9）：68-72.
梁金凤，2013. 北京市示范种植冬绿肥二月兰取得的成效及建议［J］. 中国农技推广，10：43-44.
刘宏斌，等，2015. 农田面源污染监测方法与实践［M］. 北京：科学出版社.
刘佳，曹卫东，荣向农，等，2012. 华北冬绿肥作物二月兰的营养特征研究［J］. 中国土壤与肥料，1：78-82.
邱卫国，王超，陈剑中，等，2005. 美国农业面源污染控制最佳管理措施探讨［C］//第十二届中国海岸工程学术讨论会论文集. 中国海洋工程学会海洋工程分会：5.
孙海，李云龙，胡彬，等，2020. 20%辣根素水乳剂对番茄根结线虫的防治效果及应用前景［J］. 中国蔬菜（9）：98-99.
唐浩，2010. 农业面源污染控制最佳管理措施体系研究［J］. 人民长江，41（17）：54-57.
王潇楠，何雄奎，HERBST A，等，2014. 喷杆式喷雾机雾滴飘移测试系统研制及性能试验［J］. 农业工程学报（9）：55-62.
王晓青，周春江，张群峰，等，2015. 蔬菜绿色防控理念与病虫全程绿色防控技术体系［J］. 天津农林科技（S1）：1-3.
文方芳，张梦佳，张卫东，等，2021. 北运河上游昌平区化肥面源污染年际间差异分析［J］. 环境科学学报，41（1）：15-20.
岳瑾，杨建国，董杰，等，2016. 北京市农药面源污染治理的探索、实践与成效［J］. 科学种养（4）：5-8.
张福锁，等，2008. 从理论到实践：养分资源管理的技术原理与创新［M］. 北京：中国农业大学出版社.

张梦佳，文方芳，卢静，等，2018. 最佳管理措施（BMPs）在北京市化肥面源污染防治中的应用［J］. 中国农技推广，34（4）：46-48.

张梦佳，文方芳，张雪莲，等，2021. 京郊简易基质栽培模式下果类蔬菜表观养分平衡初探［J］. 中国农技推广，37（8）：62-64.

张雪莲，廖洪，李昌伟，等，2021. 田间条件下生物炭与化肥配施对生菜产量品质及土壤微生物数量的影响［J］. 环境科学学报，41（1）：21-28.

张雪莲，王学霞，金强，等，2022. 控释掺混肥对菜田土壤脲酶和氮转化功能基因影响及硝酸盐淋溶削减研究［J］. 环境科学学报，42（1）：1-10.

赵荣芳，陈新平，张福锁，2009. 华北地区冬小麦—夏玉米轮作体系的氮素循环与平衡［J］. 土壤学报，46（4）：684-697.

郑建秋，李云龙，王晓青，等，2015. 设施专用新型现代化施药机械——JT 3YC1000D-Ⅲ背负式高效常温烟雾施药机［J］. 中国蔬菜（4）：77-78.

CUI ZL，ZHANG FS，CHEN XP，et al.，2011. Using in-season nitrogen management and wheat cultivars to improve nitrogen use efficiency［J］. Soil Sci. Soc. Am. J.，75：967-983.

WANG GL，CHEN XP，CUI ZL，2014. Estimated reactive nitrogen losses for intensive maize production in China［J］. Agriculture，Ecosystems and Environment，197：293-300.

ZHENG W，YANG YM，LI YL，et al.，2014. Treatment of rural domestic sewage by solar ozonic ecological sewage treatment plant［J］. Advanced Materials Research，955：3393-3399.